数学简史丛书
Pioneers in Mathematics

现代数学史话

History of Modern Mathematics

[美] 迈克尔·J·布拉德利——著
王 潇——译

上海科学技术文献出版社
Shanghai Scientific and Technological Literature Press

图书在版编目（CIP）数据

现代数学史话 /（美）迈克尔·J. 布拉德利著；王潇译．—上海：上海科学技术文献出版社，2023
（数学简史丛书）
ISBN 978-7-5439-8776-0

Ⅰ．①现… Ⅱ．①迈…②王… Ⅲ．①数学史—世界—普及读物 Ⅳ．① O11-49

中国国家版本馆 CIP 数据核字（2023）第 033340 号

图字：09-2021-1009

选题策划：张　树
责任编辑：王　珺
封面设计：留白文化

现代数学史话
XIANDAI SHUXUE SHIHUA
[美]迈克尔·J. 布拉德利　著　王　潇　译
出版发行：上海科学技术文献出版社
地　　址：上海市长乐路 746 号
邮政编码：200040
经　　销：全国新华书店
印　　刷：商务印书馆上海印刷有限公司
开　　本：650mm×900mm　1/16
印　　张：8.25
字　　数：92 000
版　　次：2023 年 5 月第 1 版　2023 年 5 月第 1 次印刷
书　　号：ISBN 978-7-5439-8776-0
定　　价：35.00 元
http://www.sstlp.com

目 录

前 言

人类孜孜不倦地探索数学。在数字、公式和公理背后,是那些开拓人类数学知识前沿的先驱者的故事。他们中有一些人是天才儿童,有一些人在数学领域大器晚成。他们中有富人,也有穷人;有男性,也有女性;有受过高等教育者,也有自学成才者。他们中有教授、天文学家、哲学家、工程师,也有职员、护士和农民。他们多样的背景证明了数学天赋与国籍、民族、宗教、阶级、性别以及是否残疾无关。

《现代数学史话》记录了十位在数学发展史上扮演过重要角色的数学大师的生平。这些数学大师的生平事迹和他们的贡献对初高中学生很有意义。总的来看,他们代表着成千上万人多样的天赋。无论是知名的还是不知名的,这些数学大师都在面对挑战和克服障碍的同时,不断地发明新技术,发现新观念,扩展已知的数学理论。

本书讲述了人类试图用数字、图案和等式去理解世界的故事。其中一些人创造性的观点催生了数学新的分支;另一些人解决了困扰人类很多个世纪的数学疑团;也有一些人撰写了影响数学教学几百年的教科书；还有一些人是在他们的种族、性别或者国家中最先因为数学成就获得肯定的先驱。每位数学家都是突破已有的基础、使后继者走得更远的创造者。

从十进制的引入到对数、微积分和计算机的发展，数学历史中最重要的思想经历了逐步的发展，每一步都是无数数学家个人的贡献。很多数学思想在被地理和时间分隔的不同文明中独立地发展。在同一文明中，一些学者的名字常常遗失在历史中，但是他的某一个发明却融入了后来数学家的著述中。因此，要准确地记录谁是某一个定理或者某一个思想的确切首创者总是很难的。数学并不是由一个人创造，或者为一个人创造的，而是整个人类求索的成果。

阅读提示

数学知识的进步是所有民族、种族、国家和性别的天才共同智慧的结晶。他们来自美国、英国、中国、比利时和爱尔兰……他们是国际化数学界的代表。20世纪数学研究的显著特点是，学者们组成国际团体，分享创意新知，致力于共同研究课题。在1900年召开的第二次国际数学家大会上，德国数学家戴维·希尔伯特（David Hilbert）提出了引人注目的23个数学难题，为20世纪的前50年定下了研究基调。波兰数学家瓦茨瓦夫·谢尔宾斯基（Wacław Sierpiński）帮助设立和建设了一个多产的国家数学家协会，即波兰学校。英国数学家高德菲·哈代（Godfrey Hardy）介绍自学成才的印度数论学家拉马努金（Srinivasa Iyengar Ramanujan）到剑桥大学，共同进行了长达5年的研究。匈牙利数学家保罗·厄多斯（Paul Erdös）在环游世界中与500位合作者合写了1 500篇论文。美国数学家诺伯特·维纳（Norber Wiener）、匈牙利数学家约翰·冯·诺依曼（John von Neumann）与众多科学家和工程师一起在物理、生物、经济和计算机科技等领域贡献了基础性的成果。

对于很多数学家来说，两次世界大战不但冲击了他们的生活，而且决定了他们的职业生涯。谢尔宾斯基在两次军事冲突中都被当作战犯扣押。第二次世界大战使英国数学家格蕾丝·西斯霍姆·杨（Grace Chisholm Young）无法在她丈夫的最后两年陪伴他。在事业达到高峰时，德国犹太裔数学家艾米丽·艾米·诺特（Amalie Emmy Noether）被迫离开阿道夫·希特勒（Adolf Hitler）纳粹政权统治下的祖国。第二次世界大战期间，英国数学家阿兰·图灵（Alan Turing）设计了用来破译德国海军密码的计算机技术，与此同时，美国的格蕾丝·莫瑞·霍珀（Grace Murray Hopper）发展了使弹道计算计算机化的原理。维纳发明了提高高射炮效率的算法（algorithms），冯·诺依曼为原子弹与核武器的研制做了基本的数学分析。

在20世纪上半叶，数学成为引领重大科技进步的跨国学科。这一时期的成百上千位学者在数学上做出了重要的发现，推动了人类知识的进步。这本书中所介绍的10位正是他们当中的代表。阅读关于他们成就的故事，可以使读者大致领略到这些数学大师们的思想和生活。

一　戴维·希尔伯特

(1862—1943)

新世纪的数学难题

戴维·希尔伯特为不变量论、数论、几何、分析和逻辑引入了新方法，并提出了23个影响20世纪数学研究方向的难题（图片由奥夫纳姆·冯·施密特·戈特金，艾米利奥·塞格雷视觉档案提供）。

戴维·希尔伯特（David Hilbert）是20世纪数学发展的核心人物，研究领域涉及6个学科，整整影响了一个世纪的数学发展方向。他的有限基底定理（finite basis theorem）使不变量论从一门计算学变成了一门代数学。他的数论报告为下一代的代数数论设下了议程。他发展的21个几何定理为这个古典学科提供了新方法。他提出的无限维希尔伯特空间（infinite-dimensional Hilbert space）在分析和数学物理中扮演重要的角色。希尔伯特计划（Hilbert program）为数学的所有领域建立了严格的基准。他在1900年的一次国际会议上提出的23个希尔伯特难题激励了广泛的、贯穿整个20世纪的数学研究。

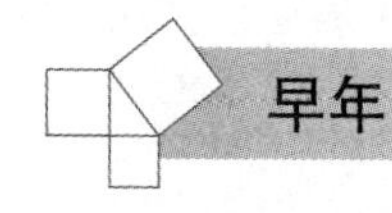

早年

希尔伯特1862年1月23日出生于一个靠近波罗的海的东普鲁士小镇。他是家中长子，还有一个弟弟，父亲奥托·希尔伯特是郡法官，母亲玛利亚·瑟莱斯·埃特曼出身商家，受过教育。一年后，戴维的父亲接受了法官的任命，便举家前往邻近的首都柯尼希堡（现在俄罗斯的加里宁格勒）。1870—1879年，希尔伯特在弗莱得瑞奇斯克尔格（Friedrichskolleg）学校——柯尼希堡的一家私立学校上学，他在那里学习德语、希腊语、拉丁语、历史、文法和数学。他在数学上出类拔萃，可以毫不费力地掌握这个学科并时常向他的老师解释一些问题。他在威廉会馆完成了最后一年的高中学习，并通过了德国的高考。

1880年，希尔伯特进入柯尼希堡大学，全身心攻读数学。经过1881年在海德堡大学的春季学期后，他又回到柯尼希堡大学继续学业。1883年，他遇到了18岁的数学系学生赫尔曼·闵可夫斯基（Hermann Minkowski）。赫尔曼·闵可夫斯基是柯尼希堡人，在1880年年初凭借将正整数写为5个完全平方数之和的工作，赢得了一项由法国科学院主办的国际数学竞赛的大奖。每天下午约5点钟，希尔伯特、闵可夫斯基和比希尔伯特大3岁的教师——阿道夫·胡尔维兹（Adolf Hurwitz），相约边散步边广泛讨论数学奇思。这3个人后来成为一生至交，或作为合作者进行课题研究或潜在地影响彼此的工作。

不变量论

1884年，希尔伯特完成了课程，开始了一项长达9年的关于代数形式和不变量论的课题研究。他在费德兰得·冯·林德曼(Ferdinand von Lindemann)的指导下做博士研究，以一篇题为《关于特殊二元形式特别是球面函数的不变量特性》的论文获得博士学位。在这之后，他在利匹兹(Leipzig)跟随德国最杰出的数学家之一——菲利克斯·克莱因(Felix Kelin)学习了一个学期。他的另一个学期在巴黎跟随两个法国顶尖的数学家查尔斯·埃尔米特(Charles Hermite)和亨利·庞加莱(Henri Poincaré)学习。在这段额外学习的末期，希尔伯特发表了一篇关于不变量论的文章，并为了他的大学教授任教资格做了一次关于周期函数的演讲，这是在德国大学教书所需的额外条件。1886年秋天，他获得了柯尼希堡大学的职位，虽准许他在这里教书，但仍需直接从学生手里收钱以维持生计。1888年，希尔伯特解决了一个不变量论里的公开难题，即戈登(Gordan)问题，证明了希尔伯特基定理(Hilbert basis theorem)。此前20年，保罗·戈登(Paul Gondan)一直是这个领域的带头人，证明了二元形式无穷集合存在着有限的基(二元形式是指含有两个变量并且每项次数相同的多项式)。希尔伯特证明，对含任意多变量的类似多项式都可以写成有限个基的和。1890年他发表在《数学年报》的《关于代数形式》一文引起了争议，因为它只证明了有限基的存在却没有给出构造方法。尽管戈登为此期刊审阅了该文，批评他的证明与其说是数学不如说是神学，但期刊主编克莱因支持了希尔伯特文章的刊发。两年后，希尔伯特给出了为任意无限形式系列构造有限基元的证明，克莱因评价他对此问题的解决方案是该期刊有史以来刊发的代数工作中最重要的一项。

在同一篇文章中，希尔伯特为他的基本定理给出了第一个证明，他还证明了另一个不变量论中的重要结论，即零集合定理（Zero set theorem）。这条定理给出，如果一个多项式 p 与一个已知理想中的所有多项式在同一点上同为零，那么 p 的某次方一定会属于这个理想。这个重要结论成了代数几何的基石，代数几何这条分支主要研究多项式方程的根。

希尔伯特的关于戈登问题的论文为不变量论这一学科引入了新的技巧，使其研究重点由冗长的计算问题转向更成体系的代数证明。他的新方法解决了不变量论领域最前沿的问题，并使他成为这一领域最重要的研究者。1893年，希尔伯特为在芝加哥召开的国际数学大会写了一篇文章，总结了不变量论的历史和发展状况。在成功解决了不变量论的重要问题之后，他将接下来五年的注意力转向了数学的另一领域——代数数论。

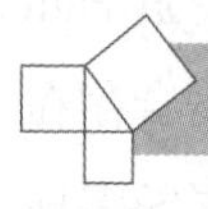

代数数论

国际数学界对希尔伯特在不变量论领域研究的认可使他的职业生涯更加顺利，还充满了新的机遇。他的出色工作为他在1892年赢得了哥尼斯堡大学（柯尼希堡大学）副教授的职位，次年又迅速晋升为正教授。1892年10月，希尔伯特与柯尼希堡一个商人的女儿——凯茜·耶罗施结合。他集中精力于数论，并对一些已知定理用更优美的原理给出再证明，由此作为一个才华横溢的研究者，希尔伯特在这一领域声名鹊起。例如，1873年查尔斯·海默特证明 e 是一个超越数，超越即不能表示为一个整数系数的多项式方程的解。用相似的原理，1882年，林德曼(Linderman)证明 π 也是一个超越数。

1893年年初，希尔伯特给出了一个关于 e 与 π 超越性质的更简洁、直接的证明。很快，他又发现两种蕴涵更高级思想的证明，即素理想分离法。在1893年的年度会议上，德国数学家协会邀请希尔伯特和闵可夫斯基准备一篇报告，来总结数论的历史和发展状况。尽管闵可夫斯基没能完成这项计划中他负责的部分，但1897年希尔伯特还是以《关于代数数论领域的报告》为题提交了一份长达400页的手稿。这篇详尽的报告大大超出了这项计划的原初目的。为了收录这个领域早先的研究成果，希尔伯特重新组织了学科的基本原理，为许多结论提供了新的证明，为一些逐步发展的思想，如类域理论和相对循环域奠定了基础工作。这篇专题论文后来简称为《数论报告》，决定了希尔伯特后来半个世纪数论的工作方向。

随后的两年，希尔伯特发表了一系列主题丰富的数论文章，包括交换律(reciprocity law)和素点(prime spots)。这些工作的最后一篇文章是他的1898年的《关于相对阿贝尔场论》，刊发在《德国数学协会年度报告》上，他在此篇中简述了Class场论，阐明了这个学科全面发展所需的概念和原理，为后来的数学家留下了丰富的研究课题。在这篇文章发表之后，他又将精力投入数学的其他领域。11年后，他重拾数论证明了华林定理(Waring theorem)[1707年，英国数学家爱德华·华林(Edward Waring)提出的猜想：每个正整数都可以写成4个平方数，或9个立方数，或19个四次方数……之和]。1909年，希尔伯特成功地证明对于每个正整数 n，都有一个对应的正整数 k，使其能够被写作 k 个 n 次方数之和。

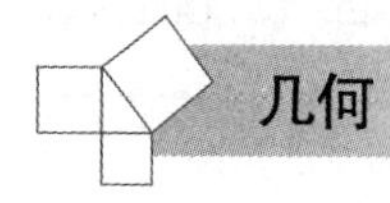

几何

1885年，克莱因来到哥廷根大学建设提升这所大学的数学系。克莱因引进有能力的教师，开展每周研讨，建立数学图书馆。作为《数学年报》的主编，他广泛征集关于各类数学命题的文章并邀希尔伯特加入编辑队伍。1895年，希尔伯特离开柯尼希堡，接受了哥廷根大学数学教师的工作，他在这个职位一直干了35年，直至退休。在克莱因和希尔伯特的经营下，哥廷根成为最重要的数学研究国际中心。1913年，克莱因退休，希尔伯特和他以前的学生理查德·柯朗（Richard Courant）在哥廷根建立了数学所，成为日后其他许多国家类似研究机构的典范。

在重定型不变量论和重组织代数数论之后，希尔伯特转向几何，在这里他完成了类似的再构建。在新机构的第三年，他讲授了一系列几何课程，1899年结集出版为《几何基础》。在此书中，他以21个统一、完整、独立的基本公理，重新设定和导出了欧几里得几何的所有定理。"统一"意味着任意组合公理都不会产生矛盾。"完整"是指几何学中所有定理都是这21条原理的推导结果。"独立"保证了不存在任何一条公理是其他公理的推导结果。希尔伯特坚持几何中所有概念的性质必须只能由公理导出，任何外来的观念都毫无意义。他明确指出，必须控制几何学的正当性，即使把桌、椅、土换为点、线、面也在所不惜。

希尔伯特的书在几何学上的影响胜过自《几何原本》以来的所有其他著作。《几何原本》是3世纪亚历山大时期希腊数学家欧几里得写的一本关于几何和数论的经典著作。希尔伯特的论著对数学思想产生巨大影响，促进了数学所有分支的公理化。庞加莱评价这本书是在非欧式几何发现之后，重建欧式几何缺失部分的法典。希尔伯特的著作被翻译成了多种语言，并持续有新版本问世，其中英文第14版于1999年出版。

20世纪的数学难题

1900年在巴黎召开的第二届数学家大会上，希尔伯特进行了一次题为《数学难题》的演讲，他指出了10个他认为影响下个世纪数学发展进程的核心问题。这篇被国际上多家数学期刊转载的演讲全文实际上包含了覆盖数学各个领域的23个难题：6个数学公理基础问题、6个代数数论问题、6个代数与几何问题和5个分析问题。这些问题中几乎没有一个是针对某一点的，绝大部分都代表整个研究活动。贯穿20世纪，当每一个希尔伯特难题被征服的时候，都会引起整个国际数学界的关注。德国数学家赫尔曼·外尔（Hermann Weyl）称解决难题的人为数学家中的"荣誉阶级"（Honor Class）。

公理化组的第一个难题，需要证明连续性假设，其引出的成果撼动了整个数学的基础。连续性假设，由俄罗斯数学家乔治·康托（Georg Cantor）于1879年提出，他断言每个实数的无穷子集都是或者可数的无穷集，如正整数集，或者包含连续的基数，如实数全集。厄恩斯特·朗美罗（Ernst Zermello）、伯特兰·罗素（Bertrand Russell）、库尔特·哥德尔（Kurt Gödel）都对这一问题的不同方面作出卓越贡献。美国数学家保罗·科恩（Paul Cohen）于1963年显示这个假设无法用其他集合论的公理证明。尽管问题的答案与希尔伯特的预期很不相同，却圆满达成了他想要激起广泛数学研究的初衷，包括质疑基础的假设。

希尔伯特的第七个难题，是最具体的问题之一。这个问题需要证明任一 a^b 形式的表达式都是超越数，如果 a 和 b 同是代数数(即整系数多项式方程的根)，并且 b 是无理数(不能表达为两整数之商)。这种形式的数包括 $2^{\sqrt{2}}$ ，即希尔伯特数。1934年，俄罗斯数学家亚历山大·格尔方德(Aleksandr Gelfond)提供了满意的证明，而后此问题被称为格尔方德定理。拓展原初问题的疆域，数学家想要知道如果 a 与 b 都是超越数，那么 a^b 是否为超越数。这个更具有普遍性的问题在原问题解决70多年后仍持续激励着数学家们为之奋斗。

这23个希尔伯特难题不仅是一些艰涩难题的集合，在他精心措辞的讲稿里，希尔伯特解释了每个问题之所以作为一个重要的数学议题呈现在这里的原因。他认为每个问题的解决都会产生一个照亮特殊领域和相关概念的理论，他坚持众多绝妙问题的存在正是数学学科健康发展的证据。希尔伯特难题得到了国际数学界热烈回应，各国数学家欣然接受并乐于解出希尔伯特具有远见卓识的难题。

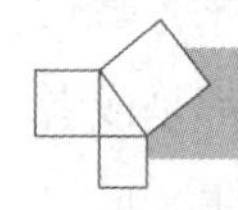

分析和理论物理

希尔伯特与他的同事们一起致力于这23个难题，专注于最后的一组难题，分析成为他1902至1912年间的研究重点。希尔伯特1904年对迪拉克法则所做的推广，帮助了第20道难题取得进展，这道难题需要寻求为一些指定值在给定数域边界建立函数并使得它的导数在数域内部满足一个给定的偏微分方程的原理。1905年，他提供了关于满足两个特殊临界值的线性微分方程的存在性的第21道难题的不完全解法。希尔伯特在变分法方面做了广泛研究，这是一个寻求满足一系列微分方程并使一个相关表达式值最小的函数的分支。他在这一领域的工作对所有难题中最具广泛性的一个，即需要大量运用变分技巧的第23题作出贡献。

希尔伯特对分析最重要的贡献便是无限维向量空间，现在叫作希尔伯特空间。那些包含无穷个满足一定收敛判别准则的函数集合使他的工作涉及积分方程，即包含未知函数及其积分形式的方程。在1912年出版的《线性积分方程的代数学原理》一书中希尔伯特总结了1904至1910年间的工作。由于他的数论报告已在15年前做出，这部论著为很多数学家开拓了新的研究疆域。

希尔伯特在分析方面的工作，与他的23个难题以及在不变量论、数论、几何上的成就，巩固了他作为世界最顶尖数学家的地位。1910年，匈牙利科学院授予他"波尔约奖"（Bolyai Prize）。这项以匈牙利几何学家雅诺什·波尔约（János Bolyai）命名的奖项，表彰希尔伯特在数学领域产生的巨大影响。在授奖致辞中，科学院高度评价了希尔伯特思想的深刻性、方法的原创性及逻辑证明的严谨性，这些都成为希尔伯特具有影响力工作的卓越特质。

由于希尔伯特空间在物理现象分析方面的独特作用，希尔伯特的后续研究深入数学物理。他对量子力学、气体动理论、放射理论都作出了贡献。1915年他与阿尔伯特·爱因斯坦（Alber Einstein）保持每日互通明信片，当时爱因斯坦在哥廷根大学物理系，这两个人各自独立地完成了广义相对论的场方程。1924年，柯朗出版了他的《数学物理方法》，希尔伯特作为共同作者出现，他在此为各种物理学理论建立了严格的数学基础。这本著作及柯朗于1937年出版的同名第二卷书从希尔伯特的讲稿和论文中汲取了许多营养。

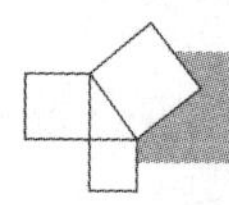

数学的基本原理与无限

20世纪20年代，希尔伯特将他的注意力转向了数学的基本原理。他开始建立一系列的公理，使得人们由此出发可以逻辑地导出数学的全部内容。"希尔伯特计划"（Hilbert program）假设的基础，正如通常所知的是：每个数学声明都是可证真伪的。希尔伯特1926年发表在《数学年报》上的论文《关于无限》和《没有人能超越康托为我们创造的天堂》，显示在他尝试证明数学是一个免受矛盾困扰的学科时，希尔伯特对康托处理无穷量时所用技巧的严重依赖。在1928年出版的他与威廉·阿克曼（Wilhelm Ackermann）合著的《数学逻辑原理》一书中，希尔伯特进一步解释了这层关联。哥德尔在1931年证明了不完备定理（incompleteness theorem）——每个公理化的数学体系，包括命题都不能证明其真伪，使得希尔伯特的计划成为不可能的事情。

在职业生涯始终，希尔伯特都对康托的无限思想抱以极大兴趣。早在1891年，在一篇发表在《数学年报》上的名为《关于直线到平面区域的连续映射》的文章中，他宣称一条一维曲线可以与一个二维平面区域包含相同多的点。他提出了一个构造曲线的方法，使其填满一个正方形内所有的点。首先画一个包含正方形三条边的正U形折线，再以四个边长更短的U形折线替代它。在每一步他都做相似的替换，于是产生了4倍于先前数量的基本U形（他声称这个曲线系列的极限形式

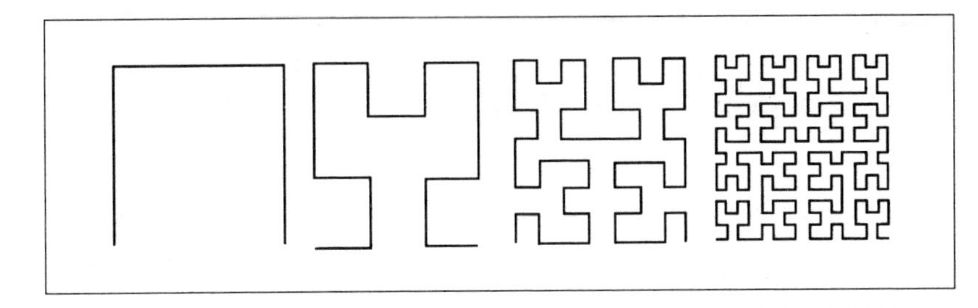

希尔伯特的空间填充曲线穿过一个正方形内部所有的点。按以下方式来构筑这个曲线，首先画一个包含正方形三条边的正U形折线，再以4个边长更短的U形折线替代它。在每一步都做相似的替换，于是产生了4倍于先前数量的基本U形。希尔伯特曲线即是无限多步之后的极限形式。

便是一种穿过正方形所有点的分形图形)。

在与其他数学家关于这个极限思想的讨论中，希尔伯特提出，如果一个旅馆有无限的房间号1, 2, 3, ……那么它将面临一些矛盾。他解释说，即便所有的房间都住满旅客，旅馆的经理还是可以再腾出一间空房，只要他将所有的房客都顺次移到下一间客房。对于每个正整数 n，他将 n 号客房的客人移入 $n+1$ 号房的解决方案，确保了空出第一间房给新客人。如果 k 个人到达，经理可以将客人从 k 号房移到 $k+1$ 号房。进一步设想，希尔伯特提出，如果一列载有无数位旅客的火车到达，经理可以让现有的房客从 n 号房间搬到 $2n$ 号，空出所有的奇数号房间安排新客人。他甚至建议如果有无数列这样的列车到达，经理可以让已有住客从 n 号房间搬到第 2^n 号，空出第3, 3^2, 3^3 ……号房间给第一列火车的客人；第5, 5^2, 5^3 ……号房间给第二列火车；第7, 7^2, 7^3 ……号房间给第三列火车，以此类推，每个新的质数对应一列新的火车(“希尔伯特旅馆”，可以叫作一个矛盾的情景设置，为康托集合论中无穷量的运算法则提供了一个可感知的例子)。

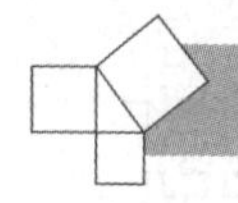

战争与退休

1930年,希尔伯特68岁,已是法定的退休年龄,他发表了关于不变量论的告别演讲,听众席上挤满了教授和学生。在整个职业生涯中,他一共指导了69个学生的博士论文。维尔——希尔伯特的学生和继他之后的哥廷根大学数学研究所所长,将他比作"多彩的吹笛人"(Pied Piper),吸引了这么多年轻天真的头脑来畅游数学之源流。不论在教师还是学生中间,他都深受欢迎,绕开繁文缛节,他自由地和这两个团体交往。在会议和讲座上,他与年轻教师并肩而坐。在聚会上,他尽情舞蹈。偶尔,他还会穿着冰鞋或骑着自行车来到会场。他邀请来访者到家里,捏着小段粉笔,在后院墙上一块5.5米长的黑板上尝试解决难题。

他的信仰坚定而言行坦诚,希尔伯特在整个职业生涯中不停传递着自己的想法。1914年他因拒绝在《告文明世界宣言》上签名而触怒当局,这是一份为德国开脱第一次世界大战中所有战争暴行的文件。1917年,正当德法两国的战士在战场上厮杀之时,他在《数学年报》上发表了一篇讣告来纪念法国数学家哥斯顿·达布(Gaston Darboux)。他支持女数学家艾米·诺特(Emmy Noether)来哥廷根供职,在一次教师会议上,他说,既然这里是一座大学而不是澡堂,就不存在性别问题。在20世纪30年代早期,阿道夫·希特勒(Adolf Hitler)要将所有的犹太教师赶出德国大学校园的决定几乎摧毁了国际顶尖的数学研究中心——哥廷根大学数学所。1935年,当纳粹教育部长向希尔伯特询问哥廷根的数学研究状况时,希尔伯特回答说这里已经没有一个数学家了。

在20世纪30年代，希尔伯特和他的同事只出版了数量有限的研究图书。1932年，希尔伯特与斯蒂芬·科恩–沃什（Stefen Cohn-Vossen）一起出版了《几何与想象》，一部关于几何曲线和曲面的描述性总结。希尔伯特与保罗·伯奈斯（Paul Bernays）一起分别在1934年和1939年出版了两卷著作《数学基础》讨论数学的公理化问题。库兰特（Courant）承担了数学物理方面的两卷，科恩–沃什和伯奈斯所著的部分则是基于20世纪20年代早期希尔伯特的讲稿，并且把他的名字列在合著者中，尽管他们几乎承担了所有的写作工作。这3本合著书均被翻译成了多种语言，在全世界广泛流传。1932—1935年，希尔伯特收集了数论、代数和分析方面的论文，结集出版为3卷的《收编本》。

在希尔伯特生命的最后几年里，因一次在哥廷根大街上摔伤而导致他的胳膊骨折，严重限制了他的日常活动。他逝世于1943年2月14日。由于是战争期间，只有12个人参加了在他家中的葬礼。

结语

戴维·希尔伯特以他的研究和远见卓识的23个难题对数学的各个领域产生了深远的影响。他解决戈登问题和建立有限基元定理所用的原理使不变量论由一个计算学科变成一个代数学科。他的《数论报告》决定了下一代代数数论工作者的研究方向。他关于几何基础的书主导了那个领域后来半个世纪的研究途径。在分析和数学物理方面，他引入的无限维希尔伯特空间占有重要一席。尽管试图将一切数学公理化的希尔伯特计划没有达到它的终极目标，但他在数学逻辑方面的工作使这一学科的许多分支得到深入发展。23个希尔伯特难题能否成功解决,是他对共事者们提出的挑战,正如希尔伯特所期盼的那样,这一挑战成功而广泛地激励了整个20世纪数学研究进程。

二　格蕾丝·西斯霍姆·杨

(1868—1944)

数学合作

格蕾丝·西斯霍姆·杨的论文是关于无穷导数和不可导函数的。她还与其他人共著了集合论和折纸几何方面的书(图片由利物浦大学悉尼琼斯图书馆提供)。

格蕾丝·西斯霍姆·杨(Grace Chisholm Young)是德国大学里第一位通过标准课程学习、考试、论文程序获得博士学位的女性。她的关于无穷导数和不可导函数的论文赢得"博彩奖"(Gamble Prize)并建立了当儒瓦-萨克斯-杨(Denjoy-Saks-Young)定理。她与同为数学家的丈夫合著了一本关于折纸几何的儿童图书、一本有影响力的集合论著和涉及多个数学题目的200多篇论文。

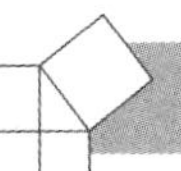

早期生活及教育

杨1868年3月15日出生于英国海斯勒米尔苏斯克斯郡的一个小镇,在伦敦的西南方向。父亲亨利·威廉姆·西斯霍姆是标准局主管，监督政府的度量衡部。母亲安娜·路易萨·贝尔是名技艺高超的钢琴演奏家。杨的哥哥修就读于牛津大学，而杨和她的姐姐海伦则在家中由母亲进行早期教育。幼年杨常遭受头痛和梦魇折磨，医生建议她的父母只教那些她感兴趣的科目。因此，在10岁之前，杨受的教育主要集中在音乐和数学上。之后她的健康状况好转，父母请来一位家庭女教师对杨进行更为全面的教育。17岁那年，杨通过了剑桥大学（University of Cambridge）的入学考试。她希望在大学里学习医学，但按照父母的意愿，她参与了救助伦敦穷人的社会工作。

杨最终说服父母允许她学习数学，她向建于1869年的英伦第一座女子学院——剑桥大学的哥顿（Girdon）学院提出申请。21岁时，她进入哥顿作为学院里的"弗兰克斯·古德施密特爵士数学学者"（Sir Francis Goldsmid Scholar of Mathematics）。1892年，在完成了课程学习之后，她通过了"数学荣誉学位考试"（Mathematics Tripos，用来决定学生最终毕业名次的综合性测试）。杨在高分组里名列第23名，高分组是可以授予学士学位的。杨私下里参加了牛津大学的期末考试，取得了牛津大学那年的最高分。然而，尽管她成绩优异，却没有得到一个正式学位；当时的女性虽然被准许在剑桥上课却无法被授予任何官方学位。

在哥顿学习期间，她遇到了学院里的数学导师，也是她未来的丈夫威廉姆·亨利·杨（William Henry Young），亨利·杨比杨年长5岁，于1884年获得剑桥大学的数学学位。1886—1892年他在剑桥彼得坊学院（Peterhouse College）辅导学生准备三试。在哥顿，他给杨当了一年的导师，指导她学习并帮助她准备考试。

在完成她在哥顿的课程之后，杨想要继续数学学业，但英格兰不允许女性修研究生水平的课程。1893年，杨得到柏林文化部

（Berlin Minstry of Culture）的批准进入德国的哥廷根学习，那里刚刚建立了一套供女性研习数学、物理和天文的课程。在克莱因的指导下，她完成了题为《球面三角学的代数群论检测》的博士论文。她的研究集中于球面上三角形角的正弦和余弦性质。1895年秋天，她拿到了“最高荣誉博士学位”，成为第一个通过标准的课程学习、博士考试和论文答辩完整程序而获得德国大学博士学位的女性。

生活和事业的伴侣

在拿到学位之后，杨回到英格兰照看她86岁的父亲和71岁的母亲。她把自己的博士论文寄了一份给她的前导师亨利·杨。这篇论文令他印象深刻，他于是邀请她合著一本天文学方面的书。这两位数学家建立了亲密的关系，并于1896年6月结婚。婚后第一年，他们住在剑桥，她继续数学研究，他教课。尽管他们从未完成那本天文学书，但她的论文《关于 $y=(x^2+\sin^2\psi)^{-3/2}$ 曲线及它与一个天文问题的关联》发表在《皇家天文会每月要闻》上，署名为W. H. 杨夫人（格蕾丝·西斯霍姆小姐）。

当她的论文导师克莱因1897年访问剑桥并接受荣誉学位时，他鼓励杨和她的丈夫将才干贡献于共同的数学研究。在他们的第一个孩子弗兰克斯出生一年之后，他们搬到了哥廷根，并如克莱因所望，成为哥廷根数学研究会的活跃分子。此后32年，他们共同完成了200多篇论文和许多著作，内容广泛涉及数学、学术和教育。尽管绝大部分的早期论文只署了她丈夫的名字，但杨在他们共同的工作中一直都是一个平等的合作者，她提出了新颖的思想、构筑了详细的证明并与出版者交涉。

在意大利的都灵度过一年之后，杨和她的丈夫回到哥廷根，并一直在那里居住到1908年。他们又有了5个孩子，3个女儿塞西丽、珍尼特、海伦和两个儿子劳伦斯、帕特里克。杨亲自在家中教育孩子，并为少儿读者写了3本数学和科学方面的书。1905年，她和丈夫写了《第一本几何书》，他们通过折纸的形式将几何中角、对称、表面和许多三维立体等几何的基本概念介绍给孩子们。16年中这本书被译成德语、意大利语、希伯来语，并于1969年在美国再版。杨独立地写了两本题目中包含她大儿子昵称的科普书——1905年的《比姆伯》及两年后的《比姆伯与青蛙》，通过简述繁殖（包括细胞分裂）过程等科学知识将生物学介绍给孩子们。

还有一本写给孩子们的书是杨和她的丈夫合著的进阶数学课本《点集理论》。这本1906年出版的书第一个系统化阐述了集合论，那时集合论作为一个数学新分支刚由俄国数学家康托提出不久。他们详尽的著作为一维和二维点集有关专业术语作出了正式定义。对于一条实线上的区间$[a, b]$，他们定义，如果一个点不在这个区间的两端，便是一个内部的点。他们提出了一个点集的极限点的概念，对于点集中的点x，如果所有包含x作为内部点的子区间都包含这个点集中其他的点，那么x就是极限点。基于上述定义，他们定义包含所有极限点的点集为开集，反之为闭集。对于平面区域，他们依据包含某点的三角形在完全在区域内部、部分在区域内部或完全在区域外部而将此点归类于内部点、边界点或外部点。康托以集合中点之间的最短距离定义关联集（connected set），他们则以极限点的概念对此重新定义。以这些新的定义，他们重新规划和证明了已知的有关实线点集的定理，并将它们推广至平面区域。

杨夫妇在《点集理论》中提出的思想也影响了数学的其他分支。他们生成在构建集合论中所用到的技巧也可以应用到已建立的许多数学分支当中，包括射影几何、复变函数论、变分法及微分方程。他们细心的定义和对非正规概念的修正为众多概念提供了更为严谨的基础，这些概念在处理几何表面性质的拓扑学中愈显重要。康托激动地评价了杨夫妇的共同工作，赞赏他们勤奋的研究、高超的技巧和敏锐的洞察力。

集合论在很多年里仍然是杨夫妇的研究重点。1914年，他们的论文《关于区间集的约化》，发表在《伦敦数学会公报》上，论文阐述了关于一维实线区间的成果。在1916年的论文《关于区域或集合

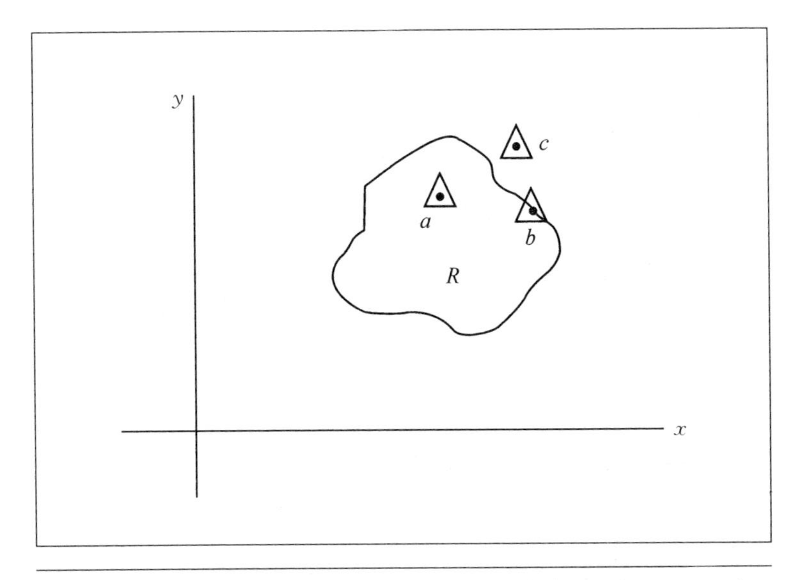

在《点集理论》一书中，杨夫妇提出了许多集合论中基础概念的定义。对于一个在 x–y 平面上的区域 R，点 a 是一个内部点，如果某个包含 a 的三角形也只含有 R 中的点。而点 b 是一个边界点，如果某个包含 b 的三角形中既有 R 中点也有 R 外的点。点 c 是一个外部点，如果某个包含 c 的三角形根本没有 R 中的点。

的正常边界》中，他们进一步讨论了二维空间上的点集。这篇文章发表在法国期刊《科学院每周会议记录译本》上。他们1917年的文章《关于任意多维空间点集的内部结构》，发表在《伦敦数学会公报》上，文章分析了高维空间的集合。杨夫妇合作的或是独立的其他论文为聚值集和素集理论贡献了重要结果。

尽管频繁分离，杨和丈夫之间仍建立了富有成效的数学伙伴关系。亨利·杨作为考官接连在剑桥大学、伦敦大学、威尔士大学供职，之后又在加尔各答大学、利物浦大学和威尔士学院做兼职数学教授。分离时，杨和丈夫频繁通信，并附寄数学论文手稿。团聚时，他们会努力地做研究，以至于在亨利·杨离开后，杨会累得大睡几天。丈夫出城时，他未成年的两个妹妹之一便会过来和杨一起住，使她能够专心研究和写作。

杨不仅做数学研究，还兴趣广泛。为完成当物理学家的梦想，杨在哥廷根大学也学习医学。而当她与丈夫1908年移居到瑞士日内瓦时，她进入日内瓦大学继续学业，在那里她达到了除实习外医学学位所需的所有条件，她还学会了6种语言，教给她的每一个孩子一种乐器。

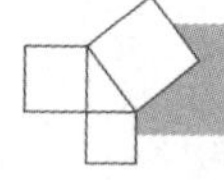

关于无穷导数的独立工作

1914—1916年，杨进行了她最重要的独立数学工作。在这段时期，她在各类国际期刊上发表了一系列独立署名的关于微分学基础的论文。1914年，她的《关于导数和微分系数的注解》发表在瑞典刊物《数学活动》上，阐述了一些关于导数特殊性质的初步结果。

1915年她的论文《关于无穷导数》赢得了哥顿学院的“博彩奖”。这篇较长的专题论文1916年发表在《纯粹与应用数学季刊》上，讨论了连续但不可导的函数。在继续她的研究主题后，另一篇较短的论文《关于一个方程的导出数》发表在同一年的《科学院每周会议记录译本》上。

1916年，《伦敦数学会公报》发表了她的题为《关于一个函数的导数》的论文，她在其中讨论了一个函数的4种经典导数变分，即左上、左下、右上、右下迪尼导数。她对连续函数和可测函数的4个迪尼导数行为进行了分类。她阐明，除去一些点，4个迪尼函数只能具有3种行为：全等；两个正无穷，两个负无穷；或一个正无穷，一个负无穷，另两个为某个相同有限值。她所证明的结果与法国数学家阿诺德·当儒瓦（Arnaud Denjoy）和波兰数学家史丹尼劳·萨克斯（Stanisław Saks）的相似结果一起并称为当儒瓦-萨克斯-杨定理。这个定理使研究者可以利用排除法，即通过证明第二、三种情形不会发生，来判定一个特定的函数是可导的。

1915年，杨夫妇从日内瓦搬到了瑞士的另一个城市洛桑，但这并没有妨碍学术多产的杨。在20世纪20年代，她继续发表着变分方面的论文。在1919年发表在《数学科学简报》的《在不使用康托数下对勒贝格引理的证明》中，她写到了勒贝格积分。她1922年的《关于黎曼定理的注解》发表在《数学简讯》上。1922年她还在《伦敦数学会公报》上发表了《关于多变量函数的偏导数》讨论多变量变分。《数学基础》于1929年刊发了她的《关于可微函数》。

杨在20世纪20年代的文章不只是变分，其中有两篇是有感于古希腊哲学家柏拉图（Plato）的数学思想。1924年在《伦敦数学会公报》上发表《一对联立丢番图方程组的解法与柏拉图联姻数》。5

年之后，她又与丈夫合写了《摘自柏拉图家美诺篇的经世之谜》，发表在《欧传统》（O tradition）。1926年她为一本教育期刊写了一篇说明性的文章，介绍希腊数学家毕达哥拉斯和他那著名的关于直角三角形三边长关系的定理。这篇文章题为《毕达哥拉斯，他怎样证明他的定理》，发表在《数学教育》上。

最后的日子

杨在数学研究上获得了国际声誉，与此同时，她的丈夫也得到了工作上的荣誉。1907年亨利·杨当选不列颠科学院的皇家协会会员。他出版于1910年的具有影响力的课本《变分法的基本定理》，引出了新的多变量函数的计算途径，从那之后被所有更高级的变分书籍采纳。为了表彰他在数学上的成就，1917年伦敦数学会授予亨利·杨"德摩根奖章"，1928年皇家协会授予他"西尔维斯特奖章"。他于1922—1924年担任伦敦数学学会的会长，1929—1936年担任国际数学联盟主席。

20世纪20年代末，杨和丈夫双双离开了他们的数学研究。1929年，杨开始一部名为《英格兰的崛起》的16世纪历史小说的5年写作计划，但始终未能完成。1940年，第二次世界大战之初，她与两个外甥飞往英国，打算再回到瑞士。但由于战争没能再与丈夫重聚，她在英国，他在瑞士。与家人分离的痛苦使亨利·杨变得十分抑郁，1942年辞世。两年之后的1944年，杨由于心脏病突发，逝世于克罗伊顿（Croyton）她女儿的家中。哥顿学院已决定授予她荣誉学位，但她没能等到他们把仪式安排妥当。

杨的6个孩子都拿到了大学学位，其中3个是数学学位。劳伦斯和塞西莉成为数学教授。珍尼特获得了医学学位，成为皇家外科医学院的第一位女性成员。杨的孙女西尔维亚·韦根（Sylvia Wiegand）继续了家族的传奇，成为内布拉斯卡大学的数学教授。

结语

在40年的职业生涯中，杨从没获得过正式的职位，作为一个数学家却颇具名声。她是德国大学里第一位通过标准的课程学习、考试、论文程序拿到博士学位的女性。她也为更多热爱科学并愿意为之贡献一生的女性树立了信心，这种榜样的力量永存。

三 瓦茨瓦夫·谢尔宾斯基

(1882—1969)

数论与波兰数学学校

瓦茨瓦夫·谢尔宾斯基发展了集合论中的分形图案，引入了数论中新的整数分集，发现了第一个绝对正规数，帮助建立了波兰数学学校（图片由科学院档案馆提供）。

在长达60年的职业生涯中，谢尔宾斯基（Wacław Sierpiński）写了50多本书和700多篇研究论文。在集合论和拓扑论领域，他发现了连续性假设和度量空间性质之间的许多联系。他的谢尔宾斯基雪花和谢尔宾斯基三角提供了分形图案的早期例子。在数论上，他引入了第一二种谢尔宾斯基数，探讨了素数的性质，发现了第一个绝对正规数。尽管曾两次被当作战犯关押，但他仍成为波兰数学学校的领导，帮助建设了研究机构、专业期刊和教授协会。

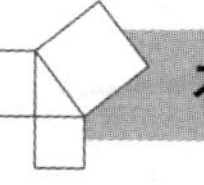

在数论上的早期工作

1882年3月14日，瓦茨瓦夫·谢尔宾斯基出生于波兰的华沙（Warsaw），他的父亲康斯坦丁·谢尔宾斯基是一个杰出的物理学家，母亲叫路易丝·莱品西卡。高中时期，谢尔宾斯基就显示出了出众的数学才能，并参与组织了为负担不起正规学校学费的男孩开设的自由课程。1900年，他进入沙皇大学（华沙大学的前身）学习数学和物理，当时波兰在沙俄的统治下，学校里所有的教师都换为俄国教授并强制所有课程用俄语教学。大学里的学术和政治环境成就了他的数学天赋，也培养了他的爱国热情。

谢尔宾斯基在乔吉·沃罗诺依（Georgy Voronoy）的指导下学习，沃罗诺依是一位有成就的俄罗斯数学家，他影响了谢尔宾斯基的早期研究。1903年，他以关于沃罗诺依的数论贡献，即正整数性质的最佳学生论文赢得院里竞赛的金牌。他的论文名为《关于渐进方程论的一个问题》，本定于在大学期刊上发表，但谢尔宾斯基不想论文以俄语印出，于是收回了论文。这篇论文后来发表在1906年的波兰期刊《数学物理著作》上。

谢尔宾斯基那篇获奖论文主要关注：在坐标平面上，一个半径为 r 的圆内部或边界上整数点的数量 $R(r)$。1837年，德国数学家卡尔·弗兰德瑞奇·高斯（Carl Friedrich Gauss）曾给出，当不断扩大 r 时，$R(r)$ 可以作为圆面积 πr^2 的近似值。这条定理引出了一个更广泛的高斯圆问题，即满足 $|R(r)-\pi r^2|<Cr^k$ 的最小 k 值。谢尔宾斯基证明：当 $k\leqslant 2/3$ 时相比于 $k=1$ 时会有显著提高。尽管数学家们持续分析着这个问题，但威尔士数学家马丁·N.胡克斯利

（Martin N. Huxley）于1990年得到的边界$k \leqslant 46/73$，只比谢尔宾斯基的工作提高了一点点。

大学的最后一年，谢尔宾斯基拒绝用俄语回答毕业测试的所有问题以表明自己的政治立场。富有同情心的考官给了他一个及格分，使他1904年毕业时拿到了"科学候选人"（candidate of science）学位，相当于科学学士学位。随后，他在华沙的一所女子学校教授数学和物理，直到1905年俄国革命，他参加了学校的游行，辞去了教师职位，并加入波兰克拉克夫（Kraków）的雅盖隆大学数学研究生项目。1908年，他拿到了博士学位，学位论文题为《关于$\sum\tau(n)f(n)$系列的求和，其中$\tau(n)$表示将一个正整数n分解为两个平方数之和的可采取方式的个数》。这篇文章发表在1908年的《数学物理著作》上，他在其中考察了一些涉及将一个整数分解为两个平方数之和所能采取的方式数的无限求和值。

1904至1910年间，谢尔宾斯基发表了18篇数论文章。半数的文章是关于将整数表示为两个平方数的方式数求和问题的，这属于分析数论领域。另一半属于丢番图分析领域，讨论多项式的正整数解问题。他1909年的论文《关于丢番图近似理论的一条定理》发表在《华沙科学会会议译本》上，谢尔宾斯基考察了值接近于一个给定的小数的分数的数量。他证明了，如果x是实数，n是正整数，那么这里至多有两个分数p/q（$1 \leqslant q \leqslant n$）使$|x-(p/q)|<1/(nq)$。例如，赋值$x$=3.71，$n$=5，那么他的结论意味着，只存在15/4=3.75和11/3≈3.67两个满足上述不等式。其解法揭示了数学的基本性质，诸如此类问题始终吸引着他的注意。

不仅是论文，谢尔宾斯基在他的早期职业阶段还出版了两本数论方面的书，1910年的《无理数理论》和1911年的《数论》，是

r	$R(r)$	πr^2
1	5	3.1
2	13	12.6
3	29	28.3
4	49	50.3
5	81	78.5

在一篇获奖论文中，谢尔宾斯基研究了在坐标平面上，一个半径为 r 的圆内部或边界上整数点的数量 $R(r)$。图上表格显示，当半径 r=1，2，3，4，5 时，这个数量将趋近于圆的面积 $A=\pi r^2$。

《自学辅导书》系列的一部分。这是由闵诺维斯基协会（Mianowski Foundation）资助的众多项目中的一个，初衷在于帮助波兰学者绕开政府封锁，为波兰学生编写关于前沿题目的高质量教科书。

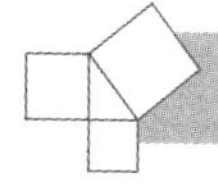

关于集合论的研究

1908至1914年间，谢尔宾斯基在波兰利沃夫市的卡基米什大学任教，在那里他晋升为副教授。在利沃夫，他的研究兴趣转向集合论——19世纪70年代刚由俄国数学家康托提出的数学新分支。吸收康托及其他集合论家迥然相异的思想，谢尔宾斯基发展了一种有组织的方式来构建更广义的集合论。1909年他开设了所有大学中第一个系统的集合论课程。谢尔宾斯基于1912年出版的《集合学概论》一书，正是源于这个课程的讲稿，此书在欧洲广泛流传并获得了位于克拉克夫的波兰科学院奖。

最初激发谢尔宾斯基对集合论兴趣的是康托1878年论文中的一个问题，即在单位正方形 $S=\{(x, y) \mid 0 \leqslant x, y \leqslant 1\} \leqslant \leqslant$ 和单位区间 $I=\{z \mid 0 \leqslant z \leqslant 1\}$ 上建立点的一一对应关系。关于这个问题，谢尔宾斯基在1912年发表在《克拉克夫科学院简报》上的论文《关于一个新的完全填充平面区域的连续曲线》中引入了一个可供选择的变量。谢尔宾斯基曲线（或叫谢尔宾斯基雪花），是他提出的一个可以穿过单位正方形内部所有点的闭曲线。这个将一维区间映射到二维平面上的空间填充曲线具有无限的长度和封闭的面积。谢尔宾斯基曲线是分形的一个例子，分形递归地定义为一个局部图案相似于整体形状的几何形体。

1914年，第一次世界大战爆发，谢尔宾斯基作为俄国维雅克战争的战犯被拘留。在俄国数学家尼可莱·卢津（Nikolai Luzin）和德米特里·叶戈罗夫（Eropob）的帮助下，他被重新安置在靠近莫斯科大学的地方。这项安排使谢尔宾斯基能够继续自己的工作，并与俄国同事一起进行拓扑论及分析和射影集合论方面的研究。

谢尔宾斯基1905年的论文《关于一个每点都是分歧点的曲线》发表在《科学院数学会议译本》上，提出了另一个分形，叫作谢尔宾斯基三角、谢尔宾斯基筛（sieve）或谢尔宾斯基垫（gasket）。这个图形从一个等边三角形出发，把它分为4个相等的小三角形，剔除中间

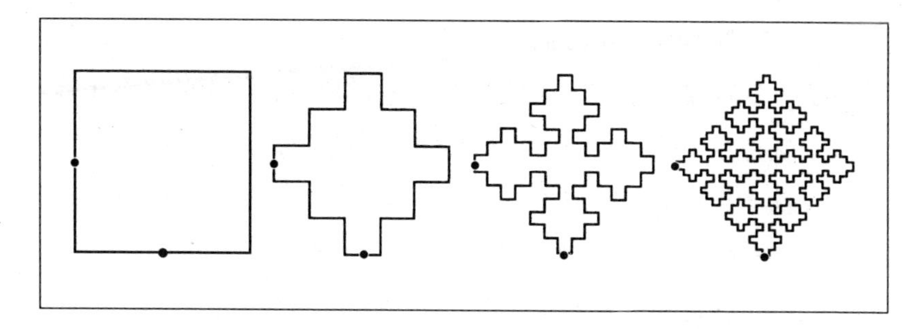

谢尔宾斯基曲线(也叫作谢尔宾斯基雪花),是一个可以穿过正方形内每一点的一维曲线。这个曲线按以下方式构造,正方形每一个L形拐角都用一列相连的包含5条更短边的折线替代。在后续步骤中,每次替换都导致基本L形的数量扩大5倍。谢尔宾斯基曲线便是无穷多步后的极限形式。

的那个,然后对剩下的3个三角形重复上述过程。谢尔宾斯基得出,经过 n 步后,将得到 3^n 个每边长为初始三角形边长 $\left(\frac{1}{2}\right)^n$ 倍的三角形。这些三角形的总面积和总周长分别是初始三角形对应量的 $\left(\frac{3}{4}\right)^n$ 倍和 $3\left(\frac{3}{2}\right)^n$ 倍。

自从发表了这篇文章,谢尔宾斯基三角鼓舞了众多研究分形的几何学家去设计相关的图形,并以谢尔宾斯基的名字命名它们。二维的谢尔宾斯基地毯(carpet)是将一个正方形分成9个相等的小正方形,移去中间的那个,对剩余正方形不断重复此过程,以此类推到三维。谢尔宾斯基海绵(sponge)是将一个立方体分成27个相等的小立方体,除去中间的一个,对每个小立方体重复此过程而得到。不断地将一个三角锥分为5个更小的锥体,移去中间的那个,就会得到谢尔宾斯基四面体——谢尔宾斯基的三维推广。20世纪初,具有图像和计算功能的计算机进一步激发了谢尔宾斯基及同时代科学家对此的兴趣。

谢尔宾斯基集合论方面的工作使他发现了第一个绝对正规数,即对于一个实数,如果任一数基出现在它的所有数位中的概率相等,那么它就是一个绝对正规数。1909年,法国数学家爱弥尔·波莱尔证明了这类数的存在。谢尔宾斯基在1917年发表在《法国数学会简报》上的论文《关于波莱尔先生绝对正规数定理的初步结果和一个此类数的有效缔造》给出了第一个绝对正规数。谢尔宾斯基给出了详细的关于这个数的构造方法,并把它作为一个明确定义的实数集的下界。数学家们还没有发现判定一个数是否为绝对正规数的普遍方法。

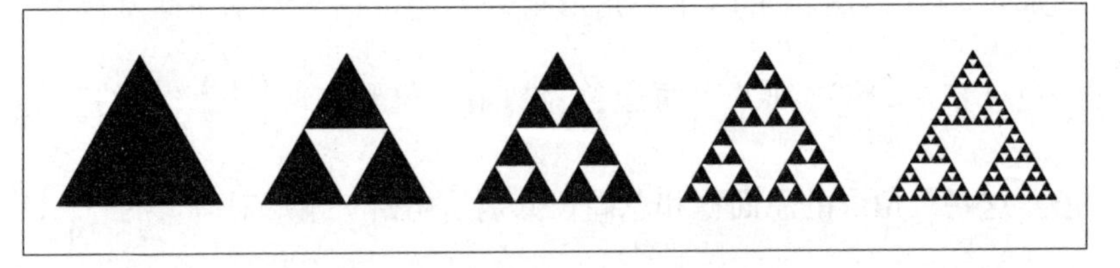

谢尔宾斯基三角是由一个被切分成4个相等大小的三角组成的,去掉中心部分,再反复去除其后出现的各个三角形中心部分的等边三角形构成的。

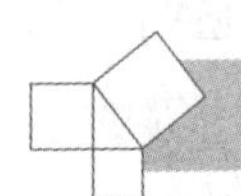

波兰数学学校

1918年第一次世界大战结束时,谢尔宾斯基重获自由,他成为波兰数学团体的领袖。在卡基米什大学稍做停留后,他接受了华沙大学的任职,并于1919年晋升为正教授,1921年聘为主任。他与齐格蒙特·扬尼舍夫斯基(Zygmunt Janiszewski)和史提芬·马苏基耶维茨(Stefan Mazurkiewicz)一起,制订并实施了建立一个活跃的波兰数学家社团(即波兰数学学校)的计划。这3个人组建了强大的师资队伍并吸引了大批学生，把华沙大学建设成了国内数学研究的中心。1920年，他们创办了《数学基础》期刊，刊发集合论方面的文章，他们决定将国家的研究重点集中于这一学科。谢尔宾斯基于1920年1952年间担任主编，在他的领导下，这本期刊成为发表集合论方面研究成果的顶尖刊物。

谢尔宾斯基的波兰数学学校不仅使华沙的数学研究工作得到蓬勃发展，也带动了波兰的其他地区。1921年，他当选波兰科学院院士。1928年，他成为华沙科学会副主席和波兰数学协会的主席。1929年，作为斯拉夫（Slavic）国家数学家大会的主席，他在一次华沙的国际会议上，帮助波兰和周边国家的数学家走到一起交流。同年，谢尔宾斯基参与创建了在利沃夫的第二个数学研究中心和另一份关于函数分析的专门性期刊《数学研究》。1932年，他成为《数学专题》期刊的首任编辑，这是一本就某些数学专题进行深入研究的期刊。

1939年，第二次世界大战爆发，这对谢尔宾斯基和他的同事提出了新的挑战。谢尔宾斯基加入了民间的“地下华沙大学”，在秘密地点甚至自己的家中教授违禁课程。尽管战争使波兰数学刊物的出版被迫暂停，他仍把他的研究成果寄往意大利，并在每篇论文结尾注明保证战后这些定理的证明将最终出现在《数学基础》上。1944年，纳粹烧毁了谢尔宾斯基的家，摧毁了他的私人图书馆，并在华沙附近囚禁了他。1945年，在回华沙之前，谢尔宾斯基在加格罗林大学授课。在战争中，有多达50%的波兰数学家死亡。通过1948年波兰科学院数学所的创建以及新期刊和出版物的创立，波兰学校得到了恢复。

1918至1948年的三十年间，谢尔宾斯基发表了成百篇关于集合论和拓扑学方面的论文和著作。他对康托的连续性假设做了大量讨论并申明在自然数基数 $\aleph_0$ 和正实数基数 $\aleph_1$ 之间不存在无穷尺寸。他在1934年《数学专题》系列中的一本《连续性假设》中，探讨了某些拓扑空间的性质，如果连续性假设成立，则这样的空间存在；反之则不存在。1945年他的论文《关于一个普遍的、可分的通用度量空间》发表在《数学基础》上，他证明如果连续性假设成立，将存在一个基数为 $\aleph_1$ 的通用度量空间。谢尔宾斯基证明，每个度量空间，都与这个空间的某个子集完全等同。1947年他的论文《推广的连续性假设和选择公理》也发表在《数学基础》上，文中显示由连续性假设和集合论中的10条公理出发可以证明选择公理。

谢尔宾斯基拓扑学方面的文章主要集中在度量空间，即此空间中每两个物体之间的距离都被明确定义。通过研究实数的线集合和有序实数对的面集合，他证明了正规性（normality）、可分离性（separability）、正则性（regularity）、紧致性（compactness）、完备性（completeness）和连通性（connectedness）等性质。典型的论文是他1945年发表在《数学基础》上的论文《关于豪斯多夫定理的两个推论》，他在论文中显示了如何将实数全集表示为互不相交的 $\aleph_1$ 无限集之和。

为了纪念他，拓扑学家们以“谢尔宾斯基空间”命名包含两点 a、b 及空集、集合 $\{a\}$ 和全集 $\{a, b\}$ 3个开集的拓扑空间。这个简洁又本质的拓扑空间例子与计算学（computation）和语义（semantics）学理论存在着重要关联。

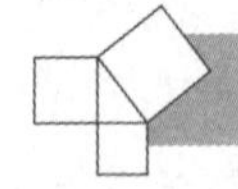

有关数论的进一步研究

1948至1968年的二十年，谢尔宾斯基写了数论方面的11本著作和100多篇论文。他的研究涉题广博，技巧多样，富于创造。他1948年的论文《有关（2^n -2）/n 数的琴奥斯假设的评论》发表在数学所新创立的刊物《数学研讨》上。这篇文章探讨了伪素数（pseudoprimes），即可以整除（2^n -2）/n 的非素（nonprime）正整数 n。尽管小于1 000的伪素数只有341、561和645，他证明如果 n 是伪素数，那么 2^n-1 也是，由此得出伪素数有无穷多个。

在一些书及论文中，谢尔宾斯基提出了一些尚待解决的或开放的数论问题来激励对这些问题的研究。他1956年的论文《关于将有理数分解为单位分数》发表在法国期刊《数学论文》上，他挑战读者来证明谢尔宾斯基猜想：$\frac{5}{n}=\frac{1}{x}+\frac{1}{y}+\frac{1}{z}$，其中对于所有正整数 n 都存在整数解 x, y, z。他的书《100个初等但困难的算术问题·关于几何与算术的边界》出版于1959年，和《初等数论的200个难题》出版于1964年，给出了一些开放问题的汇编，适于业余爱好者、学生及职业数学家。

1958年，他重拾关于圆和整数格点之间关系的题目——这是他在学生时代的获奖论文的题目。他的论文《关于正数坐标点的一些问题》发表在《数学教育》上，提出了关于一个圆周上的整数坐标点数目的公式。他1959年的论文《关于一个圆周上距离为有理数值的点集》发表在《数学基础》上，将他的分析拓展到了半径值为有理数的圆。

谢尔宾斯基在1958年发表在《数学教育》上的论文《关于 n^n+1 形式的素数》中引入了一类新的素数，即第一类谢尔宾斯基数。谢尔宾斯基证明了如果 $n>1$ 且 n^n+1 为素数，则 n 的形式一定是 2^{2^k}。他为几乎50年后才开始的对于 n^n+1 形式的研究指出了道路，目前已知的第一类谢尔宾斯基数只有2，5和257。

1958年，数学所创办了《算术活动》杂志，为波兰数论学家提供了一个发表研究成果的论坛，谢尔宾斯基是这个刊物的第一任主编。1959年他在这个刊物上发表的论文《关于给定首末位的素数》，提出了关于素数数位的新性质。他的文章显示，对于任意两个正整数 j 和 k 及任意数位序列 $a_1a_2a_3\cdots\cdots a_j$ 和 $b_1b_2b_3\cdots\cdots b_k$，至少存在一个这样的素数使其首位来自 a 系、末位来自可以提供1，3，7或9的 b 系。

1960年，谢尔宾斯基以78岁的高龄从华沙大学退休，但他继续在波兰科学院主持一个数论研讨班直到1967年，仍然为数论活跃地贡献着新思想。在他1960年发表在《数学基础》上的论文《关于形如 $k\cdot2^n+1$ 数的一个问题》中，他引入了谢尔宾斯基合数定理。在这篇文章中，他证明了有无穷多个正奇数 k 使得对于任意正整数 n，$k\cdot2^n+1$ 为合数（非素）。具有这样性质的数 k 被称为第二类谢尔宾斯基数。1962年，美国数学家约翰·塞尔弗里奇（John Selfridge）证明78 557是一个第二类谢尔宾斯基数，并猜想它是此类数中最小的。在随后的40年中，研究者们致力于这个猜想，得出基于更小 k 值的 $k\cdot2^n+1$ 形式的数系将包含至少一个除17个特殊 k 值以外的另一个素数。

2002年，一个由数学家和计算机科学家组成的小组启动了一个分散的电脑工程叫作“17或者破产”（17 or Bust），意在解决这个开放问题。直到2006年年初，他们已经排除了17个候选数中的9个，将可能比78 557小的第二类谢尔宾斯基数缩小到8个。

纵观学术生涯始终，谢尔宾斯基写了许多篇论文讨论特殊类型的整数，比如三角数、五角数和四面体数——对应特定集合图案的整数量。在《数学基础》上他发表了关于这些成果中的两个。1962年，在题为《关于四面体数的一个性质》的论文中，他证明有无穷多个整数 x, y 和 z 满足方程 $\binom{x}{3}+\binom{y}{3}=\binom{z}{3}$，其中符号 $\binom{n}{3}$ 代表二项式系数 $\frac{n(n-1)(n-2)}{3\cdot2\cdot1}$。在1963年的论文《成等差数列的3个四面体数》中，他证明了对于方程 $\binom{x}{3}+\binom{y}{3}=2\cdot\binom{z}{3}$ 也能够找到无限多个正整数解。他能够给出 $x=10$, $y=15$, $z=17$ 为第一个方程的解，$x=10$, $y=15$, $z=17$ 满足第二个方程，这两个只是丢番图方程无穷多组解中的最简单的一组。

在最后一些论文中的一篇中，谢尔宾斯基提出了一条性质，后来称为“谢尔宾斯基素数序列定理”。1964年，发表在《列日皇家科学院简报》上的论文《二项式 x^2+n 和素数》中，他证明对于每对正整数 n 和 k，序列 1^2+n, 2^2+n, 3^2+n, $4^2+n\cdots$ 包含至少 k 个素数。

除研究性论文和有关他的研究题目的著作外，谢尔宾斯基在1955至1964年间还写了9本数论方面的书。他在1955年的教科书《算术基础》中阐释了数论的基本原理。作为1911年以来他的工作的第二卷，他于1959年出版了《数论，第Ⅱ部分》。1964年他出了一个扩充的英文版本《数论基础》。为了面向更广泛的读者，他编撰了6本通俗专题著作：《毕达哥拉斯三角》《丢番图方程》《单位分数求和》《素数》《三角数》和《数论基本问题》。

谢尔宾斯基于1969年10月21日去世。波兰政府1949年授予他“科学奖（一等奖）”，1958年授予他“波兰元帅十字奖章”（Grand Cross of the Order of Polonia Restituta），以表彰他为祖国作出的卓越贡献。多产且值得尊敬的数学家谢尔宾斯基在一生中写了多达724

篇数学论文和50多本书，编辑过5种期刊，受到9次奖励，被选为14个科学团体的会员。

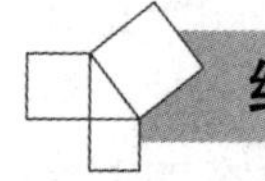

结语

作为数论领域的一名研究者，谢尔宾斯基发现了第一个绝对正规数，探究了素数的众多性质，引入了第一类和第二类谢尔宾斯基数。在集合论和拓扑论领域，他发现了连续性假设成立下的度量空间的众多性质。谢尔宾斯基雪花和谢尔宾斯基三角为分形学提供了早期的例子。此外，他更大的贡献是同研究机构、专业期刊和教授团体一起创立和重建了波兰数学学校。

四 艾米丽·艾米·诺特

(1882—1935)

抽象代数学家

艾米丽·艾米·诺特(Amalie Emmy Noether)为不变量论、理想和非交换代数等领域贡献了极其重要的数学思想。诺特关于连续性对称(continuous symmetries)和守衡量(conserved quantities)的定理为爱因斯坦的相对论建立了数学基础。她运用的技巧和得出的结果涉及环、理想和非交换代数,强调了学习抽象代数结构的重要意义。通过诺特学校(一个同她一起工作的非正式研究小组),她的思想改变了数学家们在代数领域的工作方式。

艾米丽·艾米·诺特为爱因斯坦的相对论建立了数学基础,她所创立的方法显示了学习抽象代数结构的重要意义(图片由格拉纳博物院提供)。

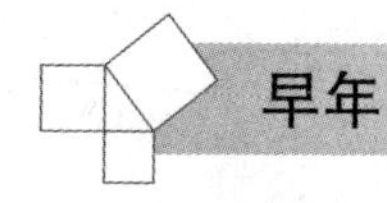

早年

诺特1882年3月23日生于德国南部巴伐利亚区的一个名叫埃尔朗根（Erlargen）的小镇上。父亲马克思·诺特在埃尔朗根-纽伦堡大学担任数学教授，他在代数学领域的工作享誉德国数学界。母亲艾达·艾米丽亚·考夫曼是一个天才的钢琴家。诺特家的4个孩子——艾米和她的3个弟弟阿尔弗瑞德、弗瑞茨和加斯塔夫均接受了大学教育。3人获得了博士学位——阿尔弗瑞德在化学方面，弗瑞茨和艾米在数学方面。

1889—1897年，诺特就读于当地的一所女子学校，该校教育氛围着重语言、文学和艺术，只介绍有限的科学和数学知识。18岁，她完成了3年学习，并通过考试，得到了在女子学校教授英语和法语的资格。诺特想要继续学业，但当时的德国绝大多数大学都不接受女性学生。只有在例外情况下，并且得到教授个人的许可，才允许女性旁听讲课，但仍不能参加期末考试或修学分。

在1900—1901年的冬季学期，诺特获得许可，在爱尔兰根大学旁听语言、历史和数学，成为同984名男生一同学习的两名女生中的一个。尽管不如她的同学知识背景深厚，但她在数学上很出色，并在此后3年集中精力研习数学。1903年，她通过了国家毕业考试（Reifeprüfung），使她能够进入德国任何一所大学。1903—1904年的冬季学期，她来到哥廷根大学旁听数学，讲授课程的包括希尔伯特和克莱因——当时欧洲最棒的两位数学家。当1904年埃尔朗根-纽伦堡大学改变政策开始招收女性时，诺特成为该校数学专业的正式的在册学生。

在接下来的4年中，诺特一边修读高级数学教程，一边跟随戈登做研究。在戈登的指导下，她发现了三元四次形的新性质。四次形是一种代数算子，关于含有3个变量、每项都为四次项的多项式，例如$f(x, y, z)=x^3y+6y^2z^2-5xyz^2+7z^4$。诺特在学位论文中解释了她的结果，题为《关于三元四次形的形系统构造》。她的研究成果发表在1907年的《爱尔兰根大学物理和医学会会议报告》上。同名的一篇更为正式的论文提供了更为详尽的解释，发表在1908年的《纯粹和应用数学》上。这篇长达67页的论文包括了一份完整列表，列出了331个与这样一个多项式相关的协变形式。1907年12月13日，在春季学期末的毕业典礼上，26岁的诺特被授予“最高荣誉数学博士”。

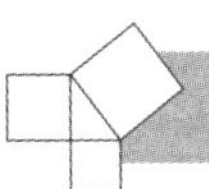

不变量论

在成为所在学科中第一个获得博士学位的德国女性之后，诺特却没能在德国的大学找到职位。1908—1915年，她是埃尔朗根-纽伦堡大学的一个非正式、无工资的成员，她与那里的老师讨论数学，继续她的研究。当父亲生病时，诺特为他代课。尽管作为一个非正式的成员，她还是作为研究顾问，指导汉斯·法尔肯柏（Hans Falckenberg）和弗瑞茨·塞德尔曼（Fritz Seidelmann）完成了博士学位。

诺特加入了两个专业数学团体——“德国数学家协会”和“数学界”，常常到欧洲各处开会，成为欧洲数学界的一名活跃分子。1909年，在奥地利萨尔茨堡（Salzberg）召开的DMV会议上，诺特提交了题为《关于 n 元变量形式的不变量论》的论文。一篇关于她工作的简要总结出现在1910年的《德国数学家协会会议报告》上。更完整的叙述出现在1911年《纯粹与应用数学》上的一篇同名文章中。1913年在奥地利维也纳召开的DMV会议上,她还提交了一篇题为《有理函数域》的论文。一份关于此研究的扩展报告《有理函数的域和系统》出现在两年后的《数学年报》上。这两篇研究论文同她的学位论文一起为她在不变量论领域赢得了声誉。不变量论研究的是,当目标调整变换时,那些固定不变的性质。

1915年,希尔伯特和克莱因邀请诺特加入他们在哥廷根大学的研究小组,研究不变量论应用方面的问题。爱因斯坦当时是柏林大学的物理学教授,构想了可以解释加速参照系中重力和运动原理的广义相对论。希尔伯特和克莱因正在尝试为广义相对论建立描述某一给定质量周围重力场性质的场方程。

在接下来的4年中,诺特发表了9篇论文,涉及了不变量论的许多不同方面。早期的论文《含有预设群的方程》写于1916年,发表在1918年的《数学年报》上,定出了在怎样的条件下,一个给定群可以是某个多项式方程的伽罗瓦群。她的工作为当时这个经典问题的解决作出了最具意义的重要贡献。

诺特1918年里程碑式的论文《不变变分问题》发表在《哥廷根科学会报告》上,是不变量论的重要结果。在这篇文章中,她证明了一对定理及其逆定理(今天统称为"诺特定理")。通过研究有限和无限对称群,诺特给出了在怎样的条件下,一个群动作的对称性可对应为一个物理系统的守衡量。由于能量和动量守恒定律是这些普遍结果的特殊一例,诺特定理奠定了广义相对论的一块基石。她的工作为爱因斯坦的理论提供了坚实的数学基础。这个结果成为量子场论和粒子物理的基本工具。

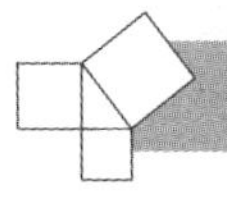

职位挣扎

从诺特第一次到哥廷根大学起，希尔伯特和克莱因就在为她争取学校里的正式职位。1915年，作为“授课资格认证”（Habilitation）正式程序的一部分，诺特向哥廷根数学会提交了一篇《关于超越整数》的论文。在后来的一次教师会议中，一些教授仍争辩要保持禁止女性成为教师的规定，并宣称要求男学生向女教授求教是一种耻辱。希尔伯特气愤地回击说，一个教授是男还是女没有任何不同，因为这里是一所大学而不是一个澡堂。尽管他激动的请求没有改变共事者的想法，他却得到了教育部门的批准，可以让诺特作为他没有工资的助教来教授一些课程。

1919年，第一次世界大战后的德国政府放宽了许多规定，诺特提交了她的《不变变分问题》作为她“授课资格认证”的论文，并且得到了教师中级别最低的职位。“助理教授”的职位允许诺特在大学里以自己的名义正式授课，但是没有任何报酬。3年后，学校提升她为更高一级的“非职副教授”，但仍没有工资。1923年，诺特的数学同事为她争取到了一个官方的教师基金使她拿到了微薄的工资。

由于大学里的财政支持十分微薄，诺特过着俭朴的生活，她的经济来源一部分靠从父母那里继承的少量遗产（她的父母在她到哥廷根的那年双双去世），一部分来自她的两个叔叔的基本供应。衣素餐简的诺特喜欢在她的寓所为她的“诺特男孩”们煮饭——那是一群被她的个性魅力和数学才华所吸引的学生。在哥廷根大学教书期间，她指导了10个“诺特男孩”完成了博士毕业论文研究，并且继续帮助他们进行后来的研究。

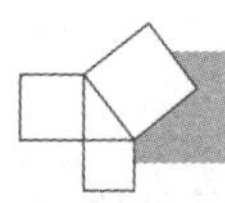

理想理论

1920—1926年，诺特集中研究抽象代数里的一支——理想理论。通过关注群、环、域、理想和模等抽象结构的性质而非特定对象本身，她在这一领域里的工作深刻地改变了代数学的研究重心。在1920年的论文《特定微分和差分方程中非交换域的模》中，诺特引入了研究抽象结构的根本途径，这篇文章与W. 舒米勒（W. Schmeidler）合写，发表在《数学回顾》上。在微分算子环部分，这篇文章还引入了左、右理想的概念。

$$(1) = \{\ldots, -3, -2, -1, 0, 1, 2, 3, \ldots\}$$
$$\cup|$$
$$(2) = \{\ldots, -6, -4, -2, 0, 2, 4, 6, \ldots\}$$
$$\cup|$$
$$(4) = \{\ldots, -12, -8, -4, 0, 4, 8, 12, \ldots\}$$
$$\cup|$$
$$(20) = \{\ldots, -60, -40, -20, 0, 20, 40, 60, \ldots\}$$
$$\cup|$$
$$(100) = \{\ldots, -300, -200, -100, 0, 100, 200, 300, \ldots\}$$
$$(100) \lhd (20) \lhd (4) \lhd (2) \lhd (1)$$

在整数环中，所有整数n的倍数形成了一个理想，记作(n)。20倍集成为4倍集的子集，由此也是2倍集的子集。由于任意这样的理想序列都有一个最终的成员，因此整数满足升序列条件。

诺特1921年的论文《环域上的理想理论》发表在《数学年报》上，提出了理想理论中最重要的结果。在这篇文章中，她证明了对于一个包含理想的交换环，升序列条件等价于每个理想包含一个有限基，还等价于每个理想集合有一个最大元素。由于所得结果的重要价值和所用技巧的广泛应用，这篇文章奠定了现代抽象代数的基础。正因为这些被称作诺特环和诺特理想的概念，这篇文章及其后续文章改变了抽象代数研究的面貌。

诺特总共发表了15篇有关理想理论的论文并在DMV会议上作了相关的报告。1923年的《消元理论和一般理想理论》和1927年的《数和函数域上的理想理论的抽象结构》，都发表在《数学年报》上。她的会议论文包括1925年的论文《理想理论中的希尔伯特数》和1926年的报告《群特征与理想理论》。这些文章向世人展示她引入的概念广泛适用。

国际影响

20世纪20年代，诺特身边聚集起了一群出色的学生和教授共同研究抽象代数。哥廷根大学数学所成为世界数学研究中心。诺特的研究小组，非正式的叫法为“诺特学校”，是数学所里最天才、最多产和最具影响的研究小组。数学家们对哥廷根趋之若鹜，他们从欧洲各地甚至日本、俄罗斯和美国赶来同她一起做研究。当这些教授回到自己的学校，他们便将她的抽象代数结构思想与同事们分享，这使得诺特的思想对数学产生了世界性的深远影响。

作为《数学年报》不拿报酬的编辑，诺特审阅了众多数学工作者的研究论文，提出了订正、修改和供进一步考虑的问题。她在数学期刊上发表了43篇论文，她允许其他数学工作者和学生引用她在课堂或研究小组会议上提出的许多新看法。诺特的创新思想显著地改变了研究者在代数和其他数学分支中的研究方式。她的理论使数学家通过研究相似对象的抽象结构，能够在代数几何、代数拓扑甚至物理和化学方面做出了重大的基础性发现。她的思想还以20世纪70年代的"新数学"的形式影响了50年后的美国基础学校的数学教学。

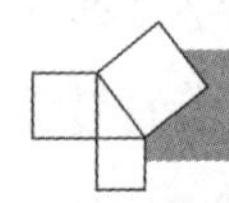

非交换代数

1927—1935年，诺特将她的研究重心重新定位在非交换代数，即两个对象以一种顺序结合再与另一种顺序结合产生不同结果的代数结构。她研究了矩阵和函数的环、线形变换、超复数、叉乘及其他非交换形。她在非交换代数方面的研究，同她在理想方面的工作一样，使用了高水平的抽象分析，使她能够提出深刻有力的定理。

在这期间，诺特发表了13篇关于非交换代数论文，其中有3篇特别重要。1929年的《超复数量和表示理论》在意大利博洛尼亚召开的会议上提出，发表在《数学回顾》上，介绍了关于非交换代数的基本思想。她1933年的论文《非交换代数 》发表在《数学回顾》上，更充分地解释了这一学科的一般理论。1932年的《代数学中一个主要定理的证明》是她与德国数学家理查德·布饶尔（Richard Brauer）及赫尔姆·哈斯（Helmut Hasse）合作的，证明了一个基础性的结论：每个基于普通代数数域的简单代数都是循环的。德国数学家赫尔曼·威尔（Herman Weyl）评价这篇文章为代数学发展过程中的一个顶峰。

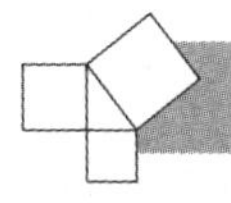

荣誉和赞赏

诺特在哥廷根大学数学圈取得的声誉使她能够参加很多研究项目。1928—1929年的学术年，她作为访问教授在俄罗斯莫斯科大学教授抽象代数课程并同帕维尔·亚历山德罗夫（Pavel Alexandrov）及其他研究者共事。1930年的夏天，她作访问教授，同德国数学家罗伯特·弗力克（Robert Fricke）和挪威数学家奥依斯顿·欧尔（Oystein Ore）一起在法兰克福大学主编了理查德·戴德金（Richard Dedekind）的《数学著作集》，并于1930至1932年间出版了3卷。在第三卷中，她对德国数学家的著作做了详尽的注解，1964年这一卷作为一本单独的书《关于代数整数理论》重印。她还与法国数学家金·卡瓦耶斯（Jean Cavaillès）一起整理编辑了康托与戴德金的来往信件，这项工作于1913年完成，4年后发表在《科学和工业消息》上。

1932年的两个事件标志了诺特在数学界取得的声誉和地位：她和奥地利代数学家爱弥尔·阿廷（Emil Artin）一起，被授予“阿尔弗瑞德·奥克曼-陶布纳纪念奖”，以表彰他们在数学科学上的先驱工作。尽管这个赫赫有名的奖项的奖金只有500马克（合120美元），但使她的同行们高度认可了诺特的研究价值、出版物的重要性以及她对这一学科的学识。1932年9月，她应邀在瑞士召开的国际数学家大会上发表了一次重要的演讲。她的大会论文《超复数系统与可交换代数与数论的联系》得到了在场的800多位数学家的广泛认可。

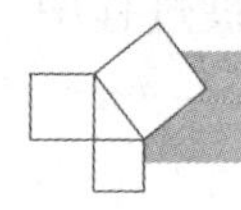

在美国的最后日子

诺特多产的职业生涯在1933年被打断,希特勒制定了一系列法律将犹太人从德国社会的领导职位铲除。4月,普鲁士科学、艺术和公共教育部通知诺特,他们已收回让她在哥廷根大学教书的许可。诺特一边继续同她的学生和研究小组在自己的寓所会面,一边申请在德国、英国和美国的学术职位。10月,在美国洛克菲勒基金和紧急委员会的帮助下,诺特得到了美国宾夕法尼亚州最著名的女子学校——布林莫尔学院的一个职位。

诺特迅速转入了美国数学界。她在布林莫尔的同事包括系主任安娜·帕尔·威勒(Anna Pell Wheeler)——美国最著名的女数学家之一,以及奥加·陶斯基-陶德(Olga Tausky Todd)——一个博士后,后来成为加利福尼亚科技所的第一位女教授。这两个人都曾在哥廷根大学学习过,熟悉德国的文化。诺特教授的代数研讨班吸引了一些雄心勃勃的学生并指导了鲁思·斯陶佛(Ruth Stauffer)的博士学位论文。每周,诺特都会到新泽西州的普林斯顿高级研究所,她在那里授课并与许多同她一样被迫离开德国的数学家合作研究项目。她在美国的唯一一篇研究论文《分离叉乘和它们的最高阶》发表在1934年的《科学和工业消息》上。

1935年4月,医生从诺特的腹部切除了一大块恶性肿瘤。4天后,4月14日,诺特去世,享年53岁。在她意外死亡后的几个月中,诺特的国际数学同行表示沉痛哀悼。《数学年报》杂志,不顾德国政府的干涉,刊载了长篇文章赞赏诺特的一生和工作。莫斯科数学会组织了一次大会来纪念诺特,来自世界各地的数学家发表了关于她生平的演讲或关于她工作的论文。《纽约时报》发表了爱因斯坦的一封信，他在其中评价诺特是有史以来最伟大的女数学家。

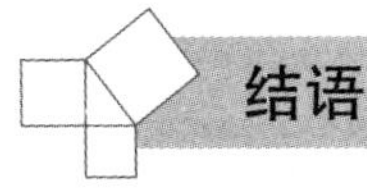

结语

尽管当时的社会环境对女性和犹太人有偏见，诺特仍然成为一个伟大的数学家，做出了数学和物理上的重大发现。诺特定理为爱因斯坦的相对论建立了坚实的数学基础，并成为量子场论和粒子物理领域的基础性工具。她写了大量理想理论和非交换代数理论方面的重要研究论文。作为诺特学校的领头人，她显示了学习数学对象的抽象结构的益处，改变了数学家研究代数的方式。

五 斯瑞尼瓦萨尔·爱金格尔·拉马努金

(1887—1920)

印度数论学家

自学成才的数论学家斯瑞尼瓦萨尔·爱金格尔·拉马努金提出了许多新的技巧，涉及逼近常数π值、分析高度(highly)合数、找出把一个给定整数分解为分数的可能方式数(图片由格拉纳博物院提供)。

斯瑞尼瓦萨尔·爱金格尔·拉马努金(Srinivasa Iyengar Ramanujan)在他一生中的绝大部分时间里孤独地工作着，但却提出了关于无穷级数及正整数性质的上千条定理。在英格兰短暂停留的5年中，他发表了一些文章，关于逼近常数π值、分析高度合数、将一个正整数分解质因数、找出把一个给定整数分解为分数的可能方式数。他在这些题目及数论其他论题中提出的创新方法促进了概率论及加性数论的发展。后来的数学家继续研究着他提出的模拟θ函数及那些他用来记录发现的笔记。

社会影响

1887年12月22日，拉马努金出生在印度南部马德拉斯省的埃德罗镇。一年后举家迁往北面160千米外的贡伯戈讷姆。父亲斯瑞尼瓦萨尔给一个布料商当职员，每月只有20印度卢比的微薄工资。母亲卡玛拉塔姆在附近的一座庙里唱祈祷歌来补贴家用。6个孩子中有3个在婴儿时期就夭折，作为家中的长子，拉马努金便成了母亲关注和关爱的焦点。

拉马努金和他的家庭属于婆罗门（Brahmin）种姓，都是虔诚的印度教教徒。按照印度传统习俗，拉马努金跟随父亲的名字——斯瑞尼瓦萨尔，并取了他父母为他挑选的名字，拉马努金，意为"拉玛（Rama）的弟弟"，仿自印度史诗故事《拉马尼亚》中的男子。他的中间名——爱金格尔，暗示他属于家庭所在的那个婆罗门种姓分支。尽管印度的绝大部分王公、学者和宗教领袖都来自这个最高种姓，但家里的经济状况却让他无法享有婆罗门的教育、职业、婚姻及生活中其他待遇。按照婆罗门种姓的规矩，他们全家严格遵守着素食食谱并按特殊的指导小心准备食物。他们在家里和神庙中向印度神灵和女神祈祷。拉马努金信仰女神娜玛吉瑞（Namagiri）是他的特别保护神。

尽管他到3岁时仍不会说话，但当拉马努金进入堪加延小学时，他的每一门功课都很出色。9岁那年，他在丹柔里学区的初考中拿到了最高分，这是一次包括英语、算术、地理和母语泰米尔语的标准测试。次年，他进入城市中学，得到了半价学费奖学金并获准进入"Ⅰ级"，相当于六年级。在那里，老师和同学都认可了他的数学天赋。八年级时，他的老师为了讲解除法的基本性质——任何数除以自身都是1——还举例说不管三个人分三个水果还是1 000个人分1 000个水果，结果都是每个人分得一个。但是，拉马努金提出如果0除以0还是1，那么没有人也没有水果，每个人还是分得一个吗？他14岁时，一个高年级的学生给他出难题——找出满足方程 $\sqrt{x}+y=7$ 和 $\sqrt{y}+x=11$ 的整数 x 和 y。不到一分钟，拉马努金便得出了答案 $x=9$，$y=4$，之后还解释了怎样通过两步有效的方法来解决这个问题。

由于贫困的家境，拉马努金经常买不起纸笔甚至上学所需的课本。他的大部分计算是用粉笔在一块嵌在木架里的小黑板上完成的。当他的黑板上写满了数，没有可利用的空间时，他就用胳膊肘擦掉数字。他频繁地向租住在他家的大学生们借书。13岁时他就已经掌握了西德内·L.朗内（Sidney L. Loney）《三角学》中的数学内容，从这本书中，他了解到一个角的正弦和余弦值可以通过无穷级数的叠加而得到，而不一定是通过直角三角形的直边除斜边来得到。独立探究之后，他得出了一套数学理论以解释这两条处理三角函数的不同途径之间的对应关系，并将他的原始分析拿给老师看。当他的老师告诉他，瑞士数学家莱奥哈德·欧拉（Leonhard Euler）在150年前就做出了相同的发现时，拉马努金觉得很难堪，他回到家中，把写有分析的纸张藏到了屋檐上。

拉马努金15岁时的愿望便是当一名数学家，那时他借到一本乔治·S.卡（George S. Carr）的《纯粹与应用数学概要》。这本书囊括了代数、集合、微积分和微分方程的上千条定理，但却没有给出任何证明说明这些定理成立。拉马努金在这本书上花了几个月的时间，通过定理列表、公式和几何图示构筑了自己的推论体系来证明这些结论的正确性。很多次，他伴着未解决的难题入睡，夜里却突然醒来记下自己在梦中想到的解答。

在高中期间，拉马努金因数学和文学上的突出表现而受到了许多奖励。他经常赢得数学竞赛，数学成绩名列第一。校长克里士纳斯瓦米·耶耳（Krishnaswami Iyer）在1904年授予他“K.朗迦纳萨·桡（K. Ranganatha Rao）数学奖”时评价说，拉马努金的工作是如此出色，满分也不足以说明他的优秀。除了数学上的杰出成绩，他还因赢得了英语竞赛并受赠诗集。

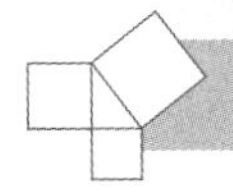

笔记本岁月，1904—1914

高中的最后一年，拉马努金通过了马德拉斯大学（University of Madras）的入学考试，并因数学和英语上的出色表现赢得了“初等苏布拉马尼扬奖学金”。1904年，16岁的拉马努金进入贡伯戈讷姆的政府学院。他把精力全部投入到数学研究之中，以致其他科目不及格，失去了奖学金，还离家出走3个月。1906年他被马德拉斯的帕恰亚帕学院录取，他仍然数学成绩优异，但却因5门文科课程两次不及格而被学校开除。

尽管高强度的数学研究使他被两所学校开除，但拉马努金这些年的研究却使他发现了新的数学思想。在3大本笔记本中，他记下了从图书馆和教授那里借来的书中不曾出现的公式和定理。在很多年里，他靠当家教维生，但把绝大部分时间花在数学学习和研究新思想上。他在笔记本中把所有的发现编为38章，所有定理进行连续编号。这些主题包括幻方的构造方法、数学常数的逼近、质数的性

$$\frac{1}{n+1}+\frac{1}{n+2}+\frac{1}{n+3}+\frac{1}{n+4}+\cdots+\frac{1}{2n}=\frac{n}{2n+1}+\frac{1}{2^3-2}+\frac{1}{4^3-4}+\frac{1}{6^3-6}+\cdots+\frac{1}{(2n)^3-2n}$$

For $n=3$, $\frac{1}{4}+\frac{1}{5}+\frac{1}{6}=\frac{3}{7}+\frac{1}{6}+\frac{1}{60}+\frac{1}{210}$

在拉马努金的第二本笔记的第二章，他记录了这个求和式的简短证明。当 $n=3$ 时，这个公式变为一个两边值为37/60的简单等式。

质、分析无穷级数的技巧、连分数和无穷乘积。10年里，他在3本共640页的笔记中写下了3 500条结果。

1909年，他在父母的安排下与斯瑞玛兹·贾纳姬·阿默——他10岁的远房表妹结婚。婚后，妻子仍同她的父母一起生活，拉马努金游历印度南部，把他的笔记拿给朋友、许多学院和大学里的教授和印度数学会的领导者看。1911年，内罗尔城的区联络人和印度数学会的秘书拉玛孱德罗·桡（Ramachandra Rao），每月资助他25卢比，于是他可以一边在马德拉斯做研究，一边留心寻找合适的职位。1912年，他得到了一个每月收入为30卢比的工作——在马德拉斯港信托局（管理马德拉斯港船务的政府部门）的会计科当职员。他的两位上司分别是印度数学会的财务主管纳若亚那·耶耳（Narayana Iyer）和英国工程师弗朗西斯·斯布瑞爵士（Sir Francis Spring），后者与全印度境内的高级军官都有接触。虽然这两个人都看不懂拉马努金的工作，但他们意识到了他的天才，并鼓励拉马努金继续他的笔记本研究，帮助他使其研究成果被数学期刊接收，努力为他寻找大学里的研究职位。

1911—1913年《印度数学会刊》发表了拉马努金的5篇论文。在他第一篇文章《伯努利数的一些性质》中，将无穷级数应用到余切函数中，有效地确定了伯努利数的值，伯努利数是一个在数论和分析中有广泛应用的分数数列。他1912年的论文《关于桑加纳博士的第330个问题》和《关于联立方程组集合的注解》中提出了对于一个特定无穷级数的加和方法与含有10个未知量的方程体系的解决技巧。他在1913年的论文《不规则数》中给出了一些公式，涉及含有奇数个质因数的整数列2，3，5，7，8，11，12，13，17，18……和不含有相同质因数的整数列2，3，5，6，7，10，11，13，14，15……他用这些数列来求无穷乘积的值，比如$\left(1+\frac{1}{2^2}\right)\cdot\left(1+\frac{1}{3^2}\right)\cdot\left(1+\frac{1}{5^2}\right)\cdot\left(1+\frac{1}{7^2}\right)\cdots\cdots=\left(\frac{15}{\pi^2}\right)$，以及无穷求和，比如$\frac{1}{2^2}+\frac{1}{3^2}+\frac{1}{5^2}+\frac{1}{6^2}\cdots\cdots=\frac{\pi^2}{20}$。在1913年一篇简短的注解《环的平方》中，拉马努金提供了一个简单的方法来构造一个线段，使它的平方产生了一个给定环面积的近似值。他提到，对一个140 000平方英里（362 598平方千米）的圆，以他的方法构造出来的线段长与同等面积的正方形的真实边长只差大约1英寸（2.5厘米）。

许多数学期刊的一个保留特色是发表面向读者的挑战难题。1911—1919年，这个杂志发表了拉马努金提供的59道题目，第一年有9道题。他的题目涉及导数、积分、无穷级数、无穷乘积、联立方程组、完全平方及算术恒等式。其中一个让读者去寻找满足方程 $x^y=y^x$ 的正分数对，例如$x=4$，$y=2$和$x=\frac{27}{8}$，$y=\frac{9}{4}$。另一个题目需要一个证明：每个正整数都满足恒等式$\lfloor\sqrt{n}+\sqrt{n+1}\rfloor=\lfloor\sqrt{4n+2}\rfloor$，其中符号$\lfloor\ \rfloor$表示小于或等于括号内表达式值的最大整数。还有一道题，期刊读者中没有一个能答上来，题目是为什么表达式

$\sqrt{1+2\sqrt{1+3\sqrt{1+4\sqrt{1+5\sqrt{1+6\sqrt{1+\cdots}}}}}}$等于3。

1913年，拉马努金寄了一封附有10页他笔记本中的公式的信给英国剑桥大学的顶尖数学家之一——高德菲·哈代（Godfrey Hardy）。哈代和他的同事强尼·里特伍德（John Littlewood）审阅了拉马努金的工作样本后发现，尽管其中有些公式并不正确，有些结果是新近已发现的，但还是有很深刻、优美的公式透露出拉马努金极高的数学天赋。哈代兴奋地向其他教授谈起他在印度发现的“新欧拉”，并回信给拉马努金，邀请他来英国工作。

尽管拉马努金得到哈代的邀请很是高兴，也深知这是他事业提升的一个机遇，但是他谢绝了。作为婆罗门种姓的一员，旅居国外被认为是“肮脏”和应该“回避”的，意味着他不会获准再与亲人和朋友团聚。哈代对于资助拉马努金的兴趣使马德拉斯大学的管理层将他聘为特别研究学者，并从1913年5月起每月给他75卢比的津贴。在前10个月中，他作为数学教授继续与哈代进行通信，从他的笔记中选择了一些文章准备发表，并提交了3篇研究成果报告给大学里的“数学学术部”。

拉马努金这一时期的4篇研究论文发表在《印度数学会刊》1915年卷中。《关于一个数的除数的数目》提供了对于一个正整数，所有能够整除它而没有余数的除数总数的上限。《关于前n个自然数的平方根之和》提出了计算形如$1\sqrt{1}+2\sqrt{2}+3\sqrt{3}+\cdots+n\sqrt{n}$和$\frac{1}{\sqrt{1}}+\frac{1}{\sqrt{2}}+\frac{1}{\sqrt{3}}+\cdots+\frac{1}{\sqrt{n}}$的求和公式。另外两篇论文分析了一个涉及反正切函数和无穷分数乘积的积分。

1913年12月下旬，拉马努金在拿马卡（Namakkal）的娜玛吉亚女神庙中度过了3天之后，他决定接受哈代的邀请前往英国学习。当时他的母亲梦到娜玛吉亚告诫她不要干涉儿子的事业，才同意了他的远行。1914年2月，马德拉斯大学向拉马努金提供了两年每年250英镑的研究津贴，并报销旅费。哈代为拉马努金安排了在剑桥大学三一学院（Trinity College）学习的全额奖学金，并附加60英镑的补贴。拉马努金于1914年3月乘船离开印度，一个月后到达伦敦。

留学英国，1914—1919

拉马努金立即开始了课程学习，并与哈代和里特伍德共同研究。在课堂上，他从导师的讲稿中扩展出他们还未发现的新定理。他向哈代解释了笔记中的不寻常的概念，分享了那些通向新思想的灵感，解释了他证明结论时所用到的技巧。哈代向他演示如何写出严谨的数学证明。里特伍德教授他双周期函数、复变函数和其他用以填补他不平衡的数学知识的主题。拉马努金学习了新思想，他活跃的思维联想到了另外的东西，导致他走向与教授们本意不同的方向。哈代敏感地觉察到这种倾向，尝试着并不强制拉马努金按其他数学家的想法来思考，从而保护了拉马努金的创造天赋。他们共同整理了笔记中最出色的结论用以发表，并开始了新的研究方向。

拉马努金发表在欧洲数学期刊的第一篇论文是1914年的《模方程和对π的逼近》，发表在《数学季刊》上，呈现了估计π值多样方法。他简洁的算法$\sqrt[4]{9^2+\frac{19^2}{22}}=3.141\,592\,652\,6\cdots$和$\frac{355}{133}\left(1-\frac{0.000\,3}{3\,533}\right)=3.141\,592\,653\,589\,894\cdots\cdots$提供了π真值3.141 592 653 589 798……

的近似值，分别精确到8位和14位。使用对数和平方根，他进一步将精度提高到了小数点后第31位。在所有这些估算中，他最初的一个7位近似$\frac{1}{2\sqrt{2}}\left(\frac{99^2}{1\,103}\right)=3.141\,592\,73$……是由一列无穷级数中的一项，另一个9位近似$\frac{63}{25}\left[\frac{17+15\sqrt{5}}{7+15\sqrt{5}}\right]=3.141\,592\,653\,8$……表达为两个根式之比，其中每个根式是$a+b\sqrt{c}$的形式，$a$，$b$，$c$都是整数。这篇文章提供了椭圆函数和模函数性质的新见解。今天，数学家们仍旧利用电脑和这篇论文中的无穷级数计算π值。

1914年6月，在伦敦数学会的会议上，哈代提交了一些拉马努金数论方面的成果，数论是研究整数性质的数学分支。拉马努金关于这个题目的长篇专题论文“高级合数”出现在《伦敦数学会公报》上。首批高级合数是2，4，6，12，24和36，它们分别含有2，3，4，6，8和9个因子。拉马努金给出了表示正整数n的因子数的函数$d(n)$值的上限和下限。对于这类数的性质的分析展示了他对于代数不等式的驾驭能力。

不到两年的时间里，拉马努金向三一学院提交了一篇高级合数专题论文和6篇数论其他方面的论文。1916年3月，学院授予他“科学研究学士”，4年后又授予了博士学位。马德拉斯大学将对他的财政支持延长了3年，期间他又发表了15篇独立论文和7篇与哈代合作的论文。

1917年，拉马努金和哈代发表了一系列关于素数的论文。《整数n的质因子的正规数》发表在《数学季刊》上，他们提出了一个公式，几乎能给出任一正整数n的质因数的数目。通过说明一般正整数n含有$\log[\log(n)]$个质因子，他们提出了取整数（有很多个质因子的整数）非常稀少。这篇文章和那年他们提出的相关文章第一次系统地讨论了一个正整数质因子数目的问题。在接下来的30年中，其他数学家完善了他们的结果，并发展出一个新的数学分支——概率数论。

在1916—1918年发表的3篇系列论文中，拉马努金提出了将整数表示为平方之和的新想法。他1916年的论文《关于某个算法函数》和1918年的论文《关于某个三角和数及它们在数论中的应用》发表在《剑桥哲学会公报》上，引入了可以估算某些重要理论函数的无穷级数，例如，正整数 n 的除数之和 $\sigma(n)$和小于 n 的质数数目 $\phi(n)$。他1917年的论文《关于$ax^2+by^2+cz^2+dt^2$ 型的数的表达式》发表在《剑桥哲学会公报》上，他在其中证明有55组正整数 a，b，c，d 可用 $ax^2+by^2+cz^2+dt^2$ 的形式表达出任何一个正整数。这些将正整数表达为平方数之和的论文引领其他数学家在这一古典领域做出许多新的发现。

在1913年寄给哈代的第一封信中，他提到了对于正整数的连分数的分析及将一个数表达为正整数之和。1918年题为《组合分析中的渐进公式》的论文发表在《剑桥哲学会公报》上，他与哈代提出了一个渐进的或说逼近的公式，可以给出 $p(n)$ 的相当精确的近似值，其中 $p(n)$ 是正整数 n 的连分数个数。通过计算无穷基数中特定个项之和，并舍掉小数部分取最近的整数，他们的公式得到了正确的 $p(n)$ 值。在之后若干年中，其他的数学家充实了他们的想法并发现了一个精确的$p(n)$ 公式，还将他们的逼近法发展为一个叫作圆方法的正式方法，这一方法应用在加性数论中可以解决很多问题。

在英国与哈代合作的5年中，他们在英国数学期刊上发表了28篇研究论文。这些论文在数论、椭圆方程分析、连分数和无穷级数领域都作出了巨大的贡献。他们的工作引领了许多数学领域的发展。为了表彰拉马努金对于数学的贡献，他被选为伦敦数学会会员、三一学院院士甚至伦敦皇家学院院士。他是第一个被选入皇家学院的印度人，也是第一个亚洲人。在1918年，有来自科学各个分支的104位候选人，而他是最终15个当选者之一。

尽管在英国的5年中数学成果丰硕，但他却遭受着生理和心理上的折磨。与妻子、母亲和朋友分离，对英国阴冷潮湿气候的不适应，由于第一次世界大战的爆发不能返回印度，无法遵守婆罗门素食食谱，以上种种使他变得很抑郁并曾经尝试卧轨自杀。由于出现了与当时的不治之症——结核病相似的症状，1917—1918年的绝大多数时间，拉马努金是在威尔斯、马特洛克和伦敦的医院和休养所中度过的。

有一次，哈代到病房探望拉马努金，抱怨说他搭乘的出租车牌号1 729是一个不吉利的数字。拉马努金立即回答说1 729是一个很有趣的数字，因为它是可以写为两组不同的两立方数之和的整数：$12^3+1^3=1\ 728+1=1\ 729$，$10^3+9^3=1\ 000+729=1\ 729$ ——这是他在印度时记在笔记本上的发现。当哈代向其他人讲述这个故事之后，这个问题被称为出租车问题，数学家们开始研究拉马努金的结论及其他具有相关数学性质的数字。现在满足方程$a^3+b^3=c^3+d^3$的4个整数a, b, c, d组叫作拉马努金数。数学家们已经证明了存在无穷多个这样的数组。

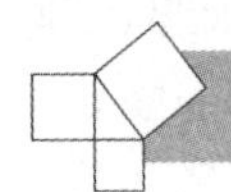

回到印度，1919—1920

1919年2月，第一次世界大战结束，加之健康状况也有所改善，拉马努金以一个著名的、有成就的数学家的身份回到了印度。马德拉斯大学聘他为今后5年的研究数学家，年薪250英镑。三一学院许诺负担他的旅费，使他能够继续与哈代保持合作研究。尽管他的健康问题并未解决，他仍雄心勃勃地工作着，探究新的数学思想。1920年1月，他给哈代写信说，他发现了一个新的概念叫作"模拟θ函数"，一个形如下式的分式的无穷求和：$\phi(q)=1+\frac{q}{(1+q^2)}+\frac{q^4}{(1+q^2)(1+q^4)}+\frac{q^7}{(1+q^2)(1+q^4)(1+q^6)}+\cdots\cdots$他在130张散页纸上记下了650多条关于模拟$\theta$函数的结果，在他去世之后，这些纸张一直保存在马德拉斯图书馆中，直到1976年才被重新发现，因此被数学家们称为"失落的笔记本"。

直到去世的4天前，拉马努金还在进行着数学研究。他如此投入地进行工作，不肯停下来吃饭，他的妻子贾纳姬不得不在他工作的时候在旁边喂他吃米饭。1920年4月26日，32岁的拉马努金由于患了肝系统阿米巴病（一种肝脏和肠道的寄生虫感染），病逝在马德拉斯附近切特普特（Chetput）的一间出租房里。

拉马努金去世15年之后，对于这位数学家的天赋，哈代打出了自己的分数。如果分数范围是1—100，他给自己25分，而给拉马努金100分。从拉马努金去世那年起，全世界的数学家对拉马努金在笔记本中记下的4 000多条定理进行了大量的研究。他们发现其中大约有$\frac{2}{3}$的成果在他得到之时还没有其他数学家知晓。2005年"阿布杜斯·萨拉姆国际理论物理中心"和"国际数学联盟"为了纪念拉马努金，设立了"拉马努金奖"以奖励来自发展中国家的年轻数学家，每年颁发一次。

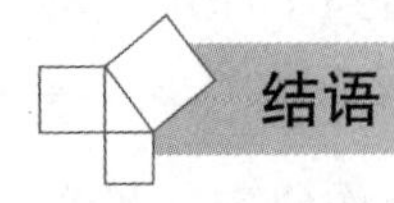

结语

尽管缺乏高等数学方面的正式训练，拉马努金却是一个极具创造力的数学家，对于代数式和无穷级数的洞察力使他在数论领域作出意义非凡的贡献。他发明的逼近 π 值的技巧至今仍为数学家们采用，还引入了高级合数的分析。他发展了决定正整数质因子数的方法并导致了概率数论的建立。他的对于正整数分式数的逼近公式引入了圆方法，促进了加性数论的显著发展。

六 诺伯特·维纳

(1894—1964)

控制论之父

诺伯特·维纳为布朗运动提供了数学解释，为建立经典位势理论建立了坚实的数学基础，并开创了控制论这一学科（图片由马萨诸塞技术学院博物馆、艾米利奥·塞格雷视觉档案馆提供）。

诺伯特·维纳（Norber Wiener）是一个神童，他发现的新方法可以解决纯数学、物理、生物和工程领域的大量应用问题。他引入的维纳度量（measure）为布朗运动提供了数学解释，并推动了概率论和随机过程的研究。维纳判据（criterion）和他对迪拉克问题（Dirichlet problem）的分析为经典位势理论奠定了坚实的数学基础。他在一般调和分析（general harmonic analysis）和陶伯定理（Tauberian theorem）方面的工作提供了关于非周期现象的研究技巧。他创建了控制论，在其中引入了理解和控制人机交互作用的统计学方法。

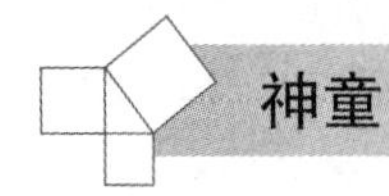

神童

维纳1894年11月26日出生于美国密苏里州的哥伦比亚市（Columbia）。父亲利奥·维纳是密苏里大学（University of Missouri）的现代语言学教授，母亲蓓萨·卡恩是一个商店老板的女儿。1895年，他的父亲接受了哈佛大学（Harvard University）斯拉夫语言和文学教授的职位，全家迁往马萨诸塞州。幼儿时期，维纳就显示出过人的天赋，3岁就开始学习阅读。父亲在家中教育他，并鼓励他去大学图书馆里阅读，维纳成了一个神童，在9岁时便进入高中，11岁时从爱尔高中毕业，14岁时在马萨诸塞州梅德福市的塔斯夫大学获得数学学士学位。他在哈佛大学学习了一年动物学，又在康奈尔大学学习了一年哲学，之后回到哈佛继续学习哲学。1913年，18岁的维纳获得博士学位。他关于数学逻辑的学位论文《施罗德，怀海特和罗素的代数渊源比较》，将威尔士数学家伯特兰·罗素和英国数学家艾尔弗雷德·诺思·怀海特（Alfred North Whitehead）在《数学原理》一书中构筑的逻辑系统与德国数学家厄恩斯特·施罗德（Ernst Schroeder）早先创立的代数系统进行了比较。

在哈佛大学的资助一年访学期间，维纳来到欧洲，写作哲学论文，并与一些世界顶尖的数学家一同工作。在英国剑桥大学，他师从罗素学习数学哲学，并在哈代的指导下学习复变量和勒贝格（Lebesgue）积分。1914年他来到德国的哥廷根大学，与希尔伯特一起研究微分方程，与爱德蒙德·兰道（Edmund Landau）一同研究群论。他在英国学习的第一篇论文是一篇简短的集合论专题《关于比一个给定的基本Ω系列序数大的序列中正整数的重排方法》，发表在1913年的《数学通讯》上。1914年《最高美德》一文赢得了“鲍德因奖”(Bowdoin Prize),这个奖是为哈佛学生发表在《哲学、心理学和科学方法》杂志上的优秀哲学短文而设立的。在集中研究数学之前发表的15篇哲学和逻辑论文中,维纳自认为最重要的一篇是他1914年的论文《关系逻辑的简化》,发表在《剑桥哲学会进展》上。他在其中描述了一种将关系论还原为类别论的方法。

1914年6月,第一次世界大战爆发前夕,维纳回到了美国,在之后5年里从事了许多临时工作。1915—1916年,他在哈佛大学讲授数学逻辑,下一个学年又在缅因大学担任数学讲师。从哈佛的预备官培训学校毕业后,他在马萨诸塞州莱恩的通用电气公司短暂地参与工程培训项目,对燃气轮机进行蒸汽消耗测试,之后一年在纽约奥尔巴尼(Albany)的《美国百科全书》杂志担任专职作家。1918年,受数学家奥斯瓦尔德·维布伦(Oswald Veblen)之邀,他加入了马里兰州海军陆战队。在那里,他同其他数学家们一起参与计算新型军用火炮的射程表,包括火力仰角、军费、风速、气压及其他参数。战争结束之后,他去《波士顿先驱报》当记者,写一些关于军官卡伦斯·爱德华(General Clarence Edwards)的候选人资格以及马萨诸塞州劳伦斯的纺织坊移民工人的困境方面的故事。

1919年,维纳获得了麻省理工学院的数学讲师职位。在他任职期间,数学系只是一个初级服务院系,为理工科的学生讲授预备课程。他的工作是每星期给本科生讲授20学时的微积分课程。在长达41年的任职中,维纳参与改革了数学系,开展大规模的研究项目,并与学校里其他部门的合作,吸引了一大批有才华的数学家。他多产的工作帮助麻省理工学院建立声望,使之成为美国纯粹和应用数学领域的顶尖研究机构。

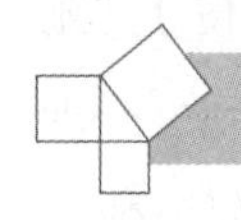

调和分析

维纳在麻省理工学院的第一个主要研究项目是布朗运动的数学分析。1827年英国植物学家罗伯特·布朗（Robert Brown）观察并研究了花粉及其他生物粒子悬浮在水面上的快速运动。德国物理学家1905年研究了这一现象，解释说水分子随机地与漂浮粒子发生碰撞，导致后者进行无规则的运动。通过分析单个粒子的路径图，维纳提出几乎所有的路径都是连续的，但由于方向的突然改变又是不可导的。他1921年的论文《分析函数的平均值与布朗运动》发表在《国家科学院进展》上，他引入了被称作维纳度量的技巧，即通过分配单条路径的概率来计算所有路径的平均值。他在1923年发表在麻省理工学院《数学和物理》杂志上的论文《微分空间》中导出了一个针对这一方法的更普适的公式。在近20年中，这篇高度理论化的论文并没有得到相应的重视，直到法国的保罗·莱威（Paul Lévy）和俄国的安德烈·柯尔莫哥洛夫（Andrei Kolmogorov）把它用作随机过程和现代概率论的基础。维纳度量使研究者们能够构造数学模型来研究应用中大量互相独立源的微小贡献的净效应，比如，股市平均值和失真电子信号的传送。

维纳将研究重点转向了一个基础的静电学问题：如何确定一个导体的形状，使其能够带有固定电荷而不自发放电。他对这一问题的探究引导他走向狄拉克问题：确定具有行为良好的导数且在边界处取特定值的函数。他在1923年与麻省理工学院的数学家亨利·贝亚德·菲里普斯（Henry Bayard Phillips）合著的论文《净值和狄拉克问题》发表在《数学和物理》上，他在文中提出了关于长方形排布导体产生电场的初步结果。1924年他的论文《狄拉克问题》也发表在《数学和物理》上，解决了自发放电中的许多问题，提出了对于狄拉克问题更充分的处理，对位势理论及电、磁和重力场的研究产生重要影响。1924年他的另一篇论文《狄拉克问题的一个可能的充分必要条件》发表在《巴黎科学院会议译本》上，引入维纳判据，来确定导体上电压不连续的点。在这组文章中，他通过描述带电不稳定导体的所有形状提出了一个特殊的静电学问题，并通过为经典静电理论建立的严格数学基础提供了一个包含更广泛问题的框架。

整个20世纪20年代，维纳经历了生活中个人和事业的双重变化，并且找到了合作研究的新机遇。1924年麻省理工学院晋升他为助理教授。两年后他与宾夕法尼亚州杰尼阿塔学院的现代语言学副教授玛格里特·英格曼结婚。1926—1927年受古根海姆（Guggenheim）奖金支持，维纳和他的妻子访问了英国、德国、瑞士、意大利和丹麦。

旅行期间，维纳与在欧洲各处短暂停留时见到的数学家们合作研究，与新的同事建立起联系，通过推广他已发表的工作来获得新的思想。维纳回美国一年后，他们的第一个孩子芭芭拉降生。1929年他们又拥有了第二个女儿佩吉。同年，麻省理工学院提升维纳为副教授。

维纳20世纪20年代末的研究集中在处理电信号的数学方法上。数学家和工程师应用傅立叶（Fourier）分析将重复固定图案的周期性信号分解为正弦波的无穷求和。1930年他的论文《调和分析的推广》发表在《数学活动》上，提出了一种更一般的技巧将分析扩展到非周期信号。在这篇文章中，他引入了在时间区间内测量一个信号的平均能量的自相关技巧。通过证明方

程 $\lim\limits_{\mu\to\infty}\frac{1}{2\mu}\int_{-\infty}|s(u+\mu)-s(u-\mu)|^2\,du=\lim\limits_{T\to\infty}\frac{1}{2T}\int_{-T}^{T}|f(x)|^2dx$ ，他得到了一个更一般的理论来显示可测量信号的加权平均值与图谱分布的等量关系。

这项推广的调和分析工作使维纳建立了许多针对发散无穷级数的加权平均问题的陶伯定理。1932年他的论文《陶伯定理》发表在《数学年报》上，赢得了美国数学学会1933年的“博修纪念奖”，以表彰他高质量的工作和充满创造力的阐释。在这篇百页论文阐述的众多结果中，有一条很优美的素数论证明，证明了数论中的一条重要原理：正整数 n 为素数的概率近似为$\frac{1}{\ln(n)}$。推广的调和分析及关于无穷级数的结论这两项创新工作使维纳作为一个有成就的数学家而为人知晓。1932年，麻省理工学院提升他为正教授，1933年他当选美国国家科学院院士。

世界性的声誉使维纳能够与国外机构中的数学家进行长时期的合作，并能够邀请出众的同行来麻省理工学院作访问学者。在众多合作努力中，20世纪30年代早期，维纳对傅立叶分析（关注将一个函数表达为正弦和余弦波的无穷求和的数学分支）作出了新的贡献。他邀请奥地利数学家厄伯哈特·霍普夫（Eberhard Hopf）来麻省理工学院，致力于遍历理论（ergodic theory）中提出的积分方程的解决，因为在遍历理论中平均值是至关重要的。他们合作的论文《关于一类奇异的积分方程》发表在《柏林德国科学院会议记录，数学—物理—技术类》上，引入了维纳—霍普夫方程 $f(x)=\int_0^\infty K(x-y)f(y)\,dy$，并在维纳20世纪四五十年代的研究中起了重要作用。1931—1932学年，他在剑桥发表了一系列关于傅立叶分析的讲座。

1933年这些讲稿结集出版为《傅立叶积分及其应用》。当他1934年回到麻省理工学院时，他将剑桥大学的年轻英国数学家雷蒙德·佩雷（Raymond Paley）带回美国。这两位研究者合著了1934年的《复数域上的傅立叶变换》一书，呈现了关于复数函数的新结果。

20世纪30年代末期，维纳拓展了他成功分析的应用范围：利用积分技巧处理混沌和遍历理论。1938年他的论文《均匀混沌》发表在《美国数学》上，他将描述布朗运动发展的随机运动的数学解释推广并把他扩展的技巧应用于其他情景，涉及粒子非线性、随机运动，比如空气湍流、液流和电子信号的传输噪声。1939年他的论文《无规定理》发表在《杜克数学》上，重新证明并扩展了关于随机但行为良好的粒子运动的无规定理。之后的几十年里，物理学家基于维纳的思想发展了量子力学中的相关理论。

战争年代的研究

第二次世界大战临近，维纳在20世纪30年代末参与了一些与军事目的有关的项目。他同“帮助外国流亡学者紧急委员会”一起工作，为背井离乡的欧洲数学家和科学家安排住处并帮他们寻找美国大学里的职位。1940年，他加入了由美国数学会和美国数学联盟联合成立的组织数学家参与潜在军用研究的“战备委员会”。在为政府的“科学研究与发展局”工作期间，维纳给出了能够机械解出微分方程的计算机的初步设计框架。已有的计算机均是将数字表示为10的幂方和，即采取十进制记法，他并没有对此进行改良，而是设想了一个二进制或者说二元的计算机，将数值表示为2的幂方和，例如，记号1101.101表示$2^3+2^2+2^0+2^{-1}+2^{-3}=8+4+1+\frac{1}{2}+\frac{1}{8}=13.625$。他设计用磁带存储数据并用蒙特卡罗法，即通过对大量随机数据取平均结果来解微分方程。尽管上司否定了他的初步报告，但维纳的二进制表达、磁带储存和蒙特卡罗算法的设想日后成为多功能数字计算机的标准特征。

20世纪40年代末，维纳从科学研究与发展局拿到了基金，为防空炮研制了更有效的火力控制装置。作为整体解决方案的一部分，他的研究小组基于他最近的维纳—霍普斯方程提出了两种算法。他们设计了一种滤波方法，将真实信号从变形噪声中分离出来，以减小追踪飞行物的雷达信号误差。他们还发明了一种外推算法，通过前10秒的飞行轨迹来统计预测靶飞机未来20秒的可能飞行情况。维纳对这一问题最富创造的贡献在于把人对枪的操作处理为追踪和开火进程的一个组分。他的小组开发的混合控制过程是将操作者的输入和机械化滤波以及外推算法所得结果进行联合处理。

维纳1942年在他的分类报告《外推、内推及固定时间序列与工程应用》中详述了他的负反馈环和人机交互思想。这篇报告被谑称为“黄色警戒”（Yellow Peril），取自它的封面颜色，也由于这个主题的高深，这本手册在战争期间被防空炮瞄准和火力控制系统设计师们广泛采用。1949年，他完成了一个更详细的版本，处理了一些工程应用问题，影响了自动控制系统和电子通信设备的设计。此书中描绘的对预测理论和通讯理论的统计处理引出了通信工程中一种一般化的统计视角，并逐渐渗透到计量学、社会学和经济学中。

战争末期，维纳发表了对于社会问题的强烈看法。1945年在美国政府决定向日本两座城市投放原子弹之后，他成为一个对于军事冲突直言不讳的反对者并拒绝参加涉及潜在军事应用的会议和研究项目。在《科学家的反叛》（A Sientist Rebels）和《两年后反叛的科学家》两篇文章中，他表达了对于战争和杀伤性武器研制的看法，分别发表在1947年的《大西洋月刊》和1948年的《原子科学家简报》上。他警示数学和科学同行们要考虑科学研究的道德作用和社会影响。他还推测了计算机控制机器的后果和自动化工厂的来临，工人们将从事刻板的工作或干脆被解雇。在1949年向“管理进步协会”呈递的一次报告和1952年与“美国机械工程师协会”的一次谈话中，他讨论了自动化的优点和危险，并鼓励这些团体确保培训失业的工人去做更有思想的工作，比如困难解决者、手工艺人和编程专家。1950年他的书《人类自身的能力》强调了一个即将到来的高度机械化社会所引发的社会问题。

控制论

从20世纪40年代中期到20年后职业生涯的结束，维纳的研究集中在人与机器的相互作用和把人体看作机器进行的分析上。和墨西哥生理学家奥特罗·罗森布鲁（Arturo Rosenblueth）一起，他使用了统计的时间序列理论来分析人类脑电波电信号模型。通过使用麻省理工学院的自相关机和与“马萨诸塞州总医院”的合作，维纳和罗森布鲁发现了神经之间的冲动电流与电脑环路中电流的离散过程是相似的。他们在多篇文章中进行了解释，包括1946年的《连通可兴奋元素的网络中，尤其是心肌中冲动传导问题的数学公式化》发表在《墨西哥心脏研究所档案》上。

维纳的研究集中在人体机器的沟通和对自身功能控制的原理上。他制造了一个有活性的铁肺，可以在肌肉重新开始呼吸运动之前，让病人神经系统的信号控制人工呼吸机的工作。他的论文《与失聪者的声通讯》发表在1949年的《科学哲学》杂志上，探讨了对皮肤施以不同模式的压力来将声信号传递给听力受损者的可能方式。他的论文《人工传感器问题》发表在1951年的《美国数学会简报》上，讨论了使患者得以操控金属假肢的原理。维纳研究了一些稳态过程，比如血压、体温及其他人体通过半自动的负反馈系统对偏离常态作出反应而得以始终保持的平衡。关于这一问题的成果，集中在论文《个体和社会的稳态》和论文《医学中的稳态概念》中，分别发表在1951年的《富兰克林所刊》和1953年的《费城大学物理学家研究事务》上。

这些独立的课题是维纳一项针对控制、通信和组织系统的更大研究计划的一部分。他引入了控制（cybernetics）一词，来描述这一新领域的研究。他的方式涉及创立一个数学框架以表达一个结构、系统或组织中不同组分之间的相互依存关系。他主张，既然多数系统是根据部分的或者不精确的信息运作的，那么统计理论必

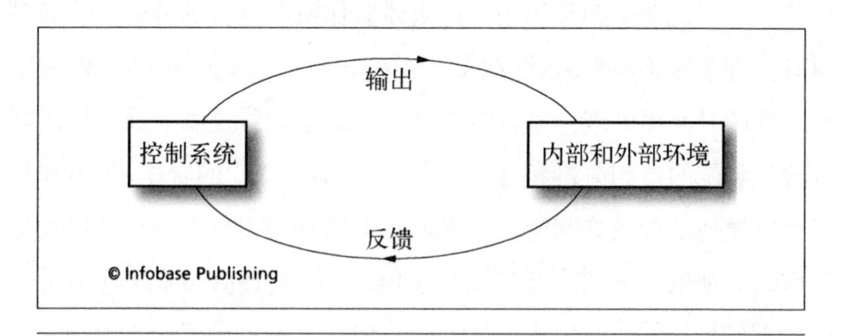

控制系统利用其关于内部和外部环境变化的信息调整其输出，以增强（主动反馈）或抵消（被动反馈）这些变化。

然在信息理论、预测理论和通讯理论中占据核心地位。1948年他的《控制论，动物和机器的控制与沟通》成了一本畅销书，其中提出的反馈（feedback）、稳定性（stability）、稳态（homeostasis）、预测（prediction）、滤波（filtering）等术语被广泛采用。非线性理论的流行及其在控制论中的数学基础作用引出了维纳1958年的另一本书《随机理论的非线性问题》。基于这些著作及在这一学科建立中的突出贡献，维纳被称为“控制论之父”。维纳在控制论中的工作引起了整个世界科学界的兴趣和关注。1949年，美国数学会在他们的年度会议上选择维纳来就假肢问题作著名的乔舒亚·吉布斯（Joshua Gibbs）演讲。作为1950—1951年的“富布赖特学者”（Fulbright fellow），他在英国、西班牙、法国和墨西哥进行了巡回讲座。在随后的几年里，他又访问印度、日本和中国，与科学家和数学家们分享他的工作，涉及人体功能的数学解释及人机交互的分析。

在晚年，维纳写了许多给非专业读者看的书。例如有两个短篇故事《大脑》和《洁具橱里的奇迹》发表在1952年的《科技和工程消息》上。他的两部自传《前神童：我的童年和青年时代》和《我是数学家：神童后来的生活》分别于1953年和1956年出版，他回顾了自己作为数学家的生活和与他的专业同行们之间的关系。1959年从麻省理工学院退休之后，他写了一篇题为《诱惑者》的小说，主人公是一个理想主义的科学家，他还试图使制片人奥森·威尔斯（Orson Welles）对它感兴趣，将小说改变为电影。他继续阐述道德和社会问题，《自动化引出的一些道德和技术后果》发表在1960年的《科学》上，并出版了《上帝与怪物，关于控制论对宗教冲击的评论》一书。

1964年3月18日，维纳由于突发心脏病逝世于瑞典的斯德哥尔摩，两个月后，美国总统林顿·约翰逊授予他“国家科学奖”。

维纳去世后，美国数学会在1966年出版了一个特别的文集《简报》纪念他在数学和科学中8个领域所作出的贡献。1967年，麻省理工学院数学院、美国化学会和工业与应用数学会设立了应用数学领域的“诺伯特·维纳奖”，奖励5 000美元给作出杰出贡献的应用数学家，每3年颁发一次。“社会责任计算机职业会”在1987年设立了年度“诺伯特·维纳社会与职业道德奖”来表彰对社会负责的计算机专家。

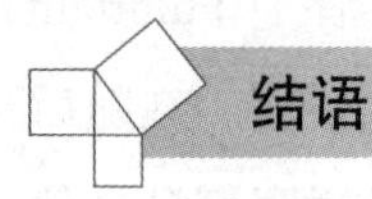

结语

在诺伯特·维纳较长的职业生涯中，他出版和发表了200多部书和论文，涉及领域从应用数学到可以用物理术语表达的问题。他对布朗运动的研究和维纳度量推动了概率论和随机过程的发展。在调和分析和陶伯定理领域，他发展了研究非周期现象的方法。而他关于防空炮、人脑电波和人机交互等控制系统的工作促使了控制论的创立。

七 约翰·冯·诺依曼

(1903—1957)

科学和技术中的数学

约翰·冯·诺依曼(John von Neumann)先是作为一个有成就的纯数学家建立起声誉，后又对科学和技术的许多领域作出卓越贡献。在事业早期，他引入了集合论中序数(ordinal number)的新定义，建立了又一严格的数学分支——博弈论(game theory)，完善了量子力学(quantum mechanics)的公理基础。在事业的后半段，他发明了冯·诺依曼计算机结构，将博弈论的概念应用到经济学中，引入了计算机数值分析的新算法，参与研制了核武器，并建立了生物有机体繁殖的细胞自动机(cellular automata)模型。

约翰·冯·诺依曼发展了冯·诺依曼代数理论，建立了又一严格的数学分支——博弈论，发明了广为流传的冯·诺依曼计算机系统结构，并参与研制了核武器(图片由格拉纳博物院提供)。

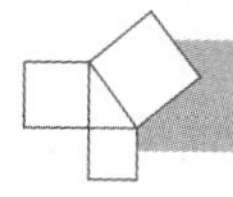

早年的集合论研究

1903年12月28日，贾诺斯·莱约斯·诺依曼出生于匈牙利的布达佩斯（Budapest）。他是家中长子，父亲马克思·诺依曼是一个富有的银行家，母亲玛吉特·堪是一个成功商人的女儿，他们共有3个儿子。1913年，他的父亲获得了一个贵族头衔，正式把姓改为诺依曼·冯·玛吉塔。贾诺斯小时候被昵称为简克斯，后来改为英语化的名字约翰·冯·诺依曼。他幼年时就能讲匈牙利语、英语、德语、法语，并能够阅读拉丁文和希腊文，6岁时就能够心算8位数的除法，还能背出从电话号码手册里记下的名字、地址和电话号码，以接待家中的来访者。

冯·诺依曼10岁之前的教育一直由家庭教师承担，之后，他进入了布达佩斯的一座包含初、高级教育的私立学校——路德学院（Lutheran Gymnasium）。学校的老师发现他已经掌握了绝大部分的标准数学课程，就安排布达佩斯大学的教授来做他的导师。17岁时，他与其中一名导师——迈克尔·伐卡特（Michael Fekete）合作了一篇原创研究论文《关于某个最小多项式零集合的位置》，发表在1922年的《德国数学联盟年度报告》上，推广了特殊的多项式函数群的根定理。

1921年，冯·诺依曼完成了路德学院的学习，进入布达佩斯大学学习数学，同时在柏林大学修读化学。他在柏林上课，只在每学期期末回到布达佩斯参加考试。1923年，匈牙利期刊《塞格德大学活动》刊发了他的论文《关于超限序数》，他在其中给出了序数（由德国数学家康托50年前提出）的新定义，改善了此概念的初始公式化。在柏林学习两年之后，他转入瑞士苏黎世的联邦技术所，并于1925年获得化工学位。次年，他从布达佩斯大学获得了数学博士学位，提交了一篇题为《万有集理论的公理化构筑》，在文中他提出了新的集合论公理集。

1926—1927学年，冯·诺依曼得到了洛克菲勒奖金，使他能够继续在德国哥廷根大学与希尔伯特一起研究集合论。1926—1929年，他在柏林大学担任助理教授讲授数学，次年又转入汉堡大学。他参与了希尔伯特的计划，证明数学理论不存在矛盾，建立了严格的公理化基础，由此所有的数学结果都可被证明。1927年在《数学综述》上发表的论文《关于证明的希尔伯特理论》中，冯·诺依曼显示了一系列经有限多步逻辑推导得到的数学结果，可以形成一个相容的数学子系统。1928年他的论文《集合论的公理化》发表在《数学综述》上，是他博士论文的延伸。在这篇文章中他简明扼要地列出了一些公理，并显示了集合论中的绝大部分内容都可由它们导出。1931年，奥地利裔匈牙利逻辑学家哥德尔证明了不完备定理——每个公理化的数学体系都包含既不能被证明又不能被证伪的命题，从而使希尔伯特计划无法实现。在离开集合论领域之前，冯·诺依曼又证明了关于实数积分的分解、可解群、哈尔度量（Haar measure）和线形拓扑空间的一些定理。

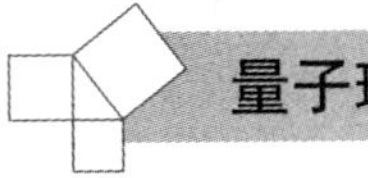

量子理论

冯·诺依曼进一步扩展了他在公理化系统方面的工作，对量子理论这一新的学科作出了基础性的贡献。量子论是数学物理学的一个分支，主要研究亚原子粒子。1927—1929年在他的一系列论文中，将哈密顿算符（Hermitian operator）应用到无穷维希尔伯特空间，从而为量子力学建立了数学框架。在这个数学结构中，他提出了一个有限公理集合，统一了量子力学的波和粒子理论。他关于这一主题有影响力的论文，包括1927年与希尔伯特和德国物理学家洛瑟·诺德海姆（Lothar Nordheim）合著的《关于量子力学的基础》，发表在《数学年报》上；1928年与匈牙利物理学家尤杰尼·维格纳（Eugene Wigner）合著的两篇论文《关于转动电子的量子力学谱学性质的统一解释Ⅰ，Ⅱ》，发表在《物理学综述》上；1929年的《哈密顿函数算符本征值的广义理论》，发表在《数学年报》上。

1932年在他的著作《量子力学的数学基础》一书中，冯·诺依曼给出了量子物理公理化公式的详尽总结。他在书中用了两章来分析因果律和不确定度，得出结论：尝试通过引入隐函数的方法来完全解释事件的发生，不符合量子理论的基本结构。这篇文章讨论了观测进程如何影响有关现象的测量而对量子测量作出贡献。这本书还讨论了1932年年初在《国家科学院通报》上的论文《准随机假设的证明》，文中证出了关于粒子统计分布的弱随机定理。

这本量子力学的著作出版后，冯·诺依曼作为数学家享誉世界，随后他移居美国。1929年，他与布达佩斯大学的一名经济系学生玛蒂埃塔·寇维斯结婚。1930年，他们在新泽西州的普林斯顿大学（Princeton University）做访问学者。冯·诺依曼在这里一直工作到1931年，并加入了普林斯顿大学新成立的高级研究所，与詹姆士·亚历山大、阿尔伯特·爱因斯坦、马斯顿·莫斯、奥斯瓦尔德·维布伦及赫尔曼·外尔一起成为这里创始的6名数学家。1933年，他成为《数学年报》和《数学选编》的编辑之一。他唯一的孩子玛瑞娜，出生于1936年。1937年他与妻子离婚，来到波兰与卡拉若·丹结婚，他的第二任妻子后来成为第一台电脑的程序员之一。

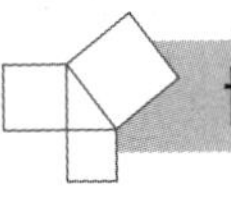

博弈论

20世纪30年代，博弈论这一有关竞争与合作的数学领域，成为冯·诺依曼的研究方向之一。20世纪20年代，他曾研究过“二人零和博弈”，即两名竞争参与者，通过抉择使得一人获益，一人等量受罚。在1928年发表在《数学年报》上的论文《关于策略博弈论》中，他证明了在所有的二人零和博弈中，每个玩家都有一个最佳策略唯一准则。这篇论文还给出了n名玩家博弈的正则定义，使1921年法国数学家爱弥尔·波莱尔引入的思想公式化，为博弈论建立了严格的数学基础。

1937年他的论文《关于一个一般经济平衡的模型和布饶尔定点定理的应用》发表在奥地利专题文集《1935—1936年年度数学研讨会成果》上，他在其中将博弈论的理论概念应用到经济学领域中。

这篇有影响力的论文引入了许多定量技巧给出经济现象的数学解释，包括价格—成本和供求不对等、产品集的活度（activity）分析、稳态增长、鞍点表征和互补闲置（slackness）条件。利用拓扑学中的布饶尔定点定理和一些几何中的其他结论，冯·诺依曼证明了在一般条件下优等策略的存在。通过这些数学模型，他指出在经济中，与增长率直接相关的是利率而不是资本数量。经济学家用“冯·诺依曼革命”一词来描述这篇文章对于平衡、增长和资本的经济学研究所带来的巨大变化。

1944年，冯·诺依曼与德国经济学家奥斯卡·摩根斯特恩合著了《博弈论和经济行为》。此书为效用（utility）和不确定状态的抉择理论提供了公理化基础。不确定状态下的抉择是指这样一种行为模型：一个经济中的玩家关于各种选择的价值只拥有一些不定的信息，但他在其中必须选择一种策略。冯·诺依曼和摩根斯特恩将博弈论的概念广泛地应用到各种情形中，比如经济参与者之间互相合作而组成的联盟、无竞争状态下的垄断以及多个参与者之间的自由贸易。这篇数学经济学方面的开创性论文极大地影响了经济学理论的世界性实践。

冯·诺依曼保持着他在这一数学分支上的兴趣，始终研究着博弈论方面的工作。1953年他参与了《博弈论的贡献，第一卷》其中两章的撰写。在《博弈的微分方程解》中，他和美国数学家乔治·W.布朗（George W. Brown）用分析中的连续性技巧解决了表达不连续的博弈论问题。而在他与他的博士后学生唐纳德·B.吉力斯和约翰·P.梅布瑞（Donald B. Gillies and John P. Mayberry）合写的《扑克中的两个变量》一章中阐述了机会和策略联合情形下的博弈论应用。1954年他的论文《确定最佳策略的数值方法》发表在《海军后勤研究季刊》上，提出了他曾帮助发展和实施的军用计算机解法。

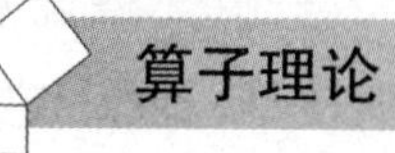

算子理论

冯·诺依曼发表的论文中有近$\frac{1}{3}$是关于算子理论这一代数分支的。他在研究量子力学时对无限维希尔伯特空间引入的新思想导致了有界和无界对称算子理论的重新公式化。1929年他的文章《关于无界矩阵的理论》发表在《纯粹和应用数学》上，1931年他的论文《关于函数算子的函数》发表在《数学年报》上，这是他一系列全面讨论操纵向量函数性质的论文中的两篇。

1929年他的论文《关于函数算子代数和正规算子理论》发表在《数学年报》上，他在其中引入了后来被称作“冯·诺依曼代数”的算子环。与美国数学家弗朗西斯·墨瑞（Francsis Murray）一起，他写了4篇系列论文《关于算子环Ⅰ，Ⅱ，Ⅲ，Ⅳ》发表在1936至1943年的《数学年报》上。这些文章解释了如何讲冯·诺依曼代数分解基础结构即因子之和，并将它们分成了5种不同的类型。这些论文以其透彻的思想和对一些异常性质的优美解法至今仍被函数分析者们置于重要地位。

原子武器与核能

在20世纪40年代早期，美国准备参加第二次世界大战，冯·诺依曼将他先前在纯粹数学上的研究转移到应用上来。在1937年成为美国公民之后，他具有科学家与军事和政府组织顾问两种身份。1940—1957年他是马里兰州“阿博丁鉴证基地”“弹道研究实验室科学顾问委员会”的一员，1943—1955年为华盛顿的“海军军需局”工作，并在1947—1955年作为马里兰银泉（Silver Spring）地区的“海军军需工会”顾问。最初，他在这3个组织中的工作主要是弹道计算，即基于发射角、装药容量、风速、气压和其他变量计算防空炮的射程。后来几年，他参与设计了计算机硬件，发展了军用课题的数值技巧。

1943年，冯·诺依曼成为路斯阿拉摩斯（Los Alamos）科学实验室的顾问，在那里，作为曼哈顿计划（Manhhattan Project）的一部分，政府组织了一大批科学家研制原子武器。冯·诺依曼分析了球坐标的限制，而坐标系的选择对产生足够量的裂变物质从而引发初始内爆至关重要。借助一些早期的计算机系统，他争分夺秒地设计和运行程序来分析爆炸过程中产生的冲击波和退化波（deterioration wave）的水动力学。他在内部文件中展示了他的研究成果，如1942年的报告《引爆波的理论》，1944年的《地下爆炸引起的表面水波》和1945年的《冲击波的折射、交会和反射》。1946年6月，在美国向日本的长崎和广岛投下两枚原子弹之后，他是太平洋马歇尔（Marshall）群岛比基尼（Bikini）环礁站的核爆测试观察者之一。1947年他因在战争期间的军事工作被授予“总统荣誉奖章”和美国海军的“杰出公民奖”。

在接下来的5年中，冯·诺依曼在新一代炸弹——核聚变武器的研制中起到了举足轻重的作用。在1946年提交的一个内部技术报告“路斯阿拉摩斯科学实验室LA-575”中，他和匈牙利裔的科学家爱德华·泰勒（Edward Teller）一起提议制造1 000倍于第一颗原子弹威力的超级炸弹。作为1950—1955年“美国武装力量特种武器计划”成员、1951—1957年“美国空军科学顾问组”成员、1952—1954年“原子能一般顾问委员会”成员和1943—1955年“路斯阿拉摩斯科学实验室”顾问，冯·诺依曼参与了1952年11月第一颗氢弹引爆的科学和政治工作。

作为1954—1957年“防空导弹顾问委员会”（之后被称作“冯·诺依曼委员会”）的主席，冯·诺依曼参与研制了长射程导弹来运送核武器到靶目标。作为1949—1954年田纳西州“橡树岭（Oak Ridge）国家实验室”的顾问、1953—1957年“原子能技术顾问会”成员和1954—1957年“原子能导弹”成员，他还探究了和平时期原子能的作用。1955年，他在以下3篇文章中表达了自己对核时代的看法：发表在《财富》杂志上的《我们能从技术中幸存吗》、发表在《武器科学基础》上的《抵御核战》和发表在《技术综述》上的《核能对物理和化学科学的影响》。1956年，为了表彰他在核武器和原子能发展中作出的贡献，他被授予“总统自由奖章”“阿尔伯特·爱因斯坦纪念奖”和“恩瑞克·费米奖”。

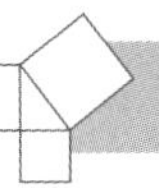

计算机结构和数值分析

在20世纪40至50年代，冯·诺依曼对计算机硬件设计及程序解题的数值算法开发作出了卓越贡献。1944年，他加入了美国计算机的先锋J.普瑞斯珀·埃克特（J. Presper Eckert）和约翰·毛彻利（John Mauchly）在宾夕法尼亚大学摩尔学院（Moore School）的研究小组，致力于“电子数值积分和计算器”，第一个通用目的的电子、数字计算机研究。他和埃克特、毛彻利一起参与设计了包含若干新颖设计想法的“电子不连续变量自动计算机”。1945年，冯·诺依曼提交了一篇内部文件，题为《关于EDVAC的第一手稿》，提供了这种机器的组件和功能轮廓。这篇初步的报告引入了计算机记忆中指示程序电子化存储的概念，使计算机能够逐步执行程序的命令而不需要人工干预。尽管埃克特和毛彻利提出了最初的绝大部分概念，这篇报告中的组织结构还是被称为“冯·诺依曼系统结构”。这个系统

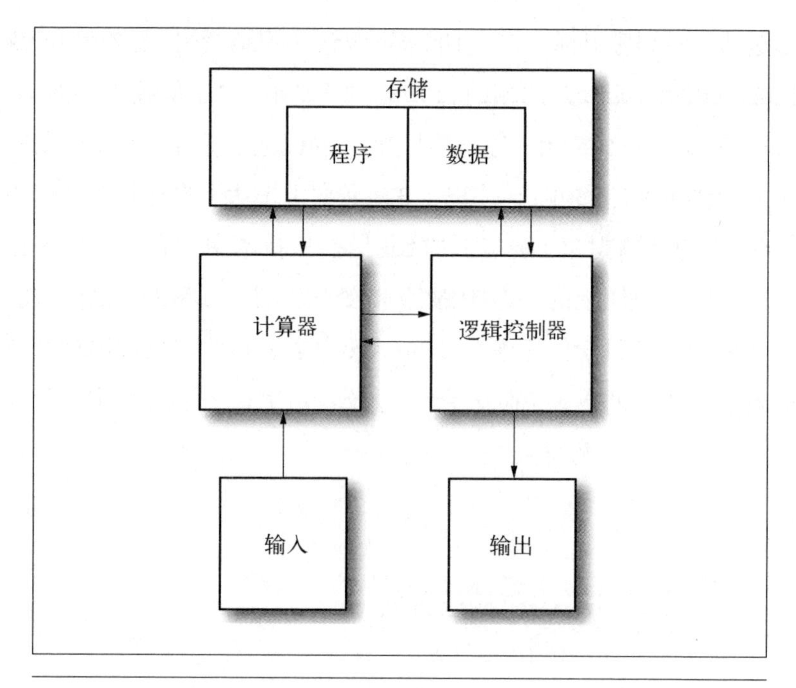

大多数非平行计算机是按照冯·诺依曼系统结构来组织的，即包含5个分立的单元：计算、逻辑控制、输入、输出和程序及数据存储器。

结构包括5个分立的单元，分别为计算、逻辑控制、记忆、输入和输出以及存储程序的概念，这些基础设计仍应用在当今大多数的非平衡计算机中。冯·诺依曼和美国数学家及计算机科学家赫尔曼·古德斯汀（Hermann Goldstine）在一篇未发表但广为流传的论文《大型计算机的基本原理》中进一步考察了这些设计思想。

1945年下半年，冯·诺依曼终止了与埃克特和毛彻利的合作关系，在高级研究所（IAS）发起了一项研制一台计算机的工作。1952年完成的IAS计算机完满达成了冯·诺依曼所有的设计理念，被用于实验科学研究。作为1946—1952年"国家研究理事会"的"高速计算委员会"（CHSC）成员，他完全共享了这台电脑的设计细节。

1952—1955年，世界范围内有17家实验室复制了IAS计算机，包括RAND公司以冯·诺依曼命名的JOHNNIAC计算机。

除了在计算机硬件方面的先锋工作，冯·诺依曼还开发了能够进行计算机数值分析的新颖算法。1945年，他引入了归并排序算法，即一个数组的前半部分和后半部分递归地排序再合并。他改进了电脑编程中寻找本征值、多变量函数极限值、转置矩阵和非齐次偏微分方程求解的方法。他还发展了稳态分析的一般原理，以确保电脑得出的答案不会因约化数值和近似技巧产生的误差积累而变得不可靠。

冯·诺依曼在数值技巧上的研究对蒙特卡罗法有重要意义，此法是用随机统计样品来获得近似数值答案的算法。他在1949年蒙特卡罗法讨论会上提交了《与随机数位相关的多种技巧》，其中介绍了平方取中法来产生伪随机数。这种方法通过对每个输入进行平方再选取中间八位数作为下一次的输入来产生一系列8位整数。在他们1950年发表在CHSC的期刊《数学表及其他计算辅助》上的报告《ENIAC计算出的e与π的前2 000个小数位值的统计声明》中，冯·诺依曼及希腊裔美国数学家尼古拉斯·梅彻普里斯（Nicholas Metropolis）和德裔美国数学家乔治·W.瑞特维斯那（George W. Reitwiesner）一起确定了他们得到的π的数位是随机分布的，但e的数位却明显有固定的随机模式。在1955年发表在同一期刊上的文章《$\sqrt[3]{2}$的连分数展开》中，冯·诺依曼和美国数学家白杨特·塔克曼（Bryant Tuckerman）一起在电脑程序设计中应用了连分数的技巧来获得数值$\sqrt[3]{2}$的2 000个偏微商，并分析了这些结果的随机性。冯·诺依曼在数值分析方面的工作激励了其他研究者使用电脑来进行随机数的实验和理论探讨，并促成了蒙特卡罗法的广泛使用。

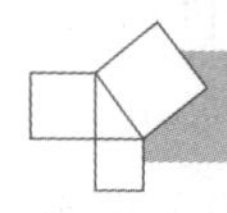

自动机理论

与计算机硬件设计平行，冯·诺依曼发展了对于生命有机体如何传递和处理信息的兴趣。他开始研究细胞自动机，即在一个系统网络（grid）中，其迭代时间的进化按照某些固定法则由邻近细胞状态决定的细胞。1946年，他提出了一种自我复制自动机，随后实验证实了这些自动机能够产生增长的复杂后代。这些未发表的研究计划以万能构造机（universal constructor）告终，这种自动机能够对自身结构信息及自我复制方式进行编码。他还用自动机理论来考察以不可靠组件设计可靠机器的可能性。

冯·诺依曼关于自动机的最早文献是1951年发表在专题《大脑行为机理》上的《自动机的通用和逻辑理论》。这篇文章详述了他在1948年加利福尼亚州帕萨得那（Pasadena）召开的西肯研讨会上发表的演讲《模拟逻辑网络和自动机》。在1957年去世时，冯·诺依曼留下了两项未完成的有关自动机理论的工作。1956年他在耶鲁大学（Yale University）发表了“西利曼讲座（Silliman Lectures）”系列，平行地介绍了人脑和数字计算机方面的工作。这些演讲的未完成的总结在1958年结集成书——《电脑和人脑》。1966年他的同事亚瑟·巴克斯（Arthur Burks）完成了他关于自动机理论的手稿，出版了《自我增殖的自动机理论》一书，详细介绍了万能构造机概念。

在整个事业生涯中，冯·诺依曼获得了许多以表彰他多样的研究成就的奖章。他分为两部分的文章《近乎周期函数和群》分别发表在1934年和1935年的《美国数学会公报》上，为他赢得了美国数学会（AMS）的博修纪念奖。1937年美国数学会选他做年度国家大会的研讨讲座，1944年美国数学会请他做吉布斯讲座。他在1951—1952年担任美国数学会的主席。另外，意大利、秘鲁、荷兰和美国的7个国家科学院选他为会员。1957年2月8日，在与癌症艰难斗争了两年之后，从轮椅到病榻，冯·诺依曼在华盛顿去世，享年53岁。

一些组织进行了持久的哀悼，纪念冯·诺依曼对管理科学和电脑科技作出的贡献。操作研究和管理科学所每年向对操作研究和管理科学作出基础性和长久性贡献的个人颁发“约翰·冯·诺依曼奖”。1990年，电力和电子工程所设立了“约翰·冯·诺依曼奖章”表彰在计算机科技领域作出杰出贡献的人。2005年，美国邮局发行过一张纪念邮票来纪念这位有影响力的美国科学家。

结语

在一个知识日益专业化的时代，冯·诺依曼仍对数学、科学和技术的众多分支贡献了重要和开创性的思想。物理学家纪念他为量子力学建立了公理化的基础；经济学家赞赏他将博弈论应用到社会科学学科；在计算机技术中，冯·诺依曼系统结构被看作是数字计算机设计的绝对主流模型；军事领导感谢他对核武器发展作出的贡献；生物学研究者继续着他发展的新颖的自我复制自动机思想；在数学领域内，冯·诺依曼代数也继续影响着算子理论的研究。影响了如此众多的学科，约翰·冯·诺依曼无愧于20世纪最著名的数学家之一。

八 格蕾丝·莫瑞·霍珀

(1906—1992)

计算机软件的开拓者

海军中校格蕾丝·莫瑞·霍珀为马克Ⅰ号（Mark Ⅰ）计算机编制了程序，写出了第一个编译程序，详细构建了COBOL编程语言的基本思想（图片由贝特纳/CORBIS图片库提供）。

格蕾丝·莫瑞·霍珀（Grace Murray Hopper）离开大学数学教授职位之后，成为了马克Ⅰ号（Mark Ⅰ）计算机的第一个程序员。她写了第一个编译程序，使计算机能够将编码模块进行组装而不仅是通常的存储器。她用英语书写指令的FLOW-MATIC软件，成为广泛应用的COBOL编程语言的基础。在她为美国海军工作中，她与产业领导者的接触，她的著作和她频繁的会议演说影响了自动化数据处理软件的发展和标准化。她使电脑程序中的“电脑错误”（computer bug）和“调试”（debugging）等术语广泛流行。

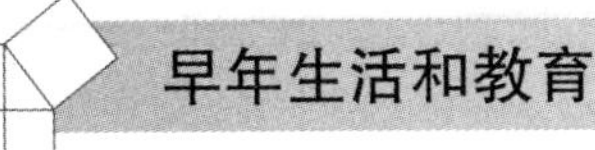

早年生活和教育

1906年12月9日，格蕾斯·莫瑞·霍珀出生在纽约城（City of New York）。父亲沃特·弗莱特彻·莫瑞是保险经纪人，母亲玛丽·凯姆贝尔·范·霍恩是民间工程师之女。莫瑞是长女，她对事物充满兴趣，喜欢用金属构件制作机械玩具。有一天她拆开了7个闹钟，检查它们的内部构件。母亲热爱数学，父亲虽有生理残疾却坚持自强自立，这些都深深地影响了她的人生观。莫瑞先后就读于纽约的两所私立女子学校——格林翰姆学校和斯顾梅克学校，并在新泽西州平田的哈特瑞治学校读大学预科。除了学习数学和科学，她还喜欢参加运动，欣赏音乐和表演。

1924年，莫瑞进入纽约帕基普希的瓦萨学院（Vassar College），主修数学和物理。在完成必修的人文和科学课程之外，她还辅导同学的物理，旁听植物学、生理、地理、商务和经济课程。大学二年级期间，她正式被吸收进入美国最古老的大学荣誉社团“菲-贝塔-卡帕”（Phi Beta Kappa）。1928年大学毕业，她拿到数学和物理学位时，还获得了瓦萨学院的基金，进入了康涅狄格州纽黑文的耶鲁大学。1930年她与纽约大学商务学院的英文讲师温森特·福斯特·霍珀结婚。

1931年，格蕾丝·莫瑞·霍珀接受了瓦萨学院数学讲师的职位，工资不多，每年只有800美元。她教授代数、几何、三角、微积分、概率、统计、分析和机械制图。在瓦萨大学教书期间，她继续了研究生课程和在耶鲁大学的数学研究，1932年获得数学博士学位。在代数学家奥依斯顿·欧尔的指导下，她完成了题为《不可约性判别准则的新类型》的博士论文，她在其中探讨了一个多项式可以被写为两个更简单的多项式之积的条件。她的学位论文使她加入了美国科学研究协会（Sigma Xi），并晋升为副教授。1936年，《美国数学月刊》刊发了她的论文《没有产生的七作为毕达哥拉斯数理论的索引》。10年教书之后，1941—1942年，她作为瓦萨教师在纽约大学库兰特研究所修读高级课程并开拓进一步的研究。

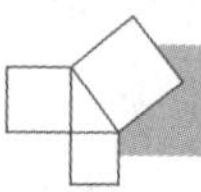

编程和调试马克系列计算机

1943年，美国加入第二次世界大战之后，霍珀试图应征加入美国海军。她时年36岁，身高1.7米，重48千克，海军以她年龄过大、体重过轻为由拒绝了她。海军进一步向她说明，他们不批准她的申请是因为她作为数学教授的工作对于战争是很重要的。霍珀离开了瓦萨的教师职位，说服招募者接受她进入“女子志愿应急队”（Women Accepted for Voluntatry Emergency Service，简称：WAVES），这是美国海军预备役的女子分队。在1944年6月底，她从马萨诸塞州北安普顿美国海军预备役女子中等海员学校以第一名的成绩毕业，并被任命为初等上尉。5天后，她申请到在哈佛大学军械计算工程部霍华德·艾肯（Howard Aiken）的指导下工作。

1937年，艾肯作为海军中校和哈佛大学的数学物理教授曾提议设计一种自动计算机。1939—1943年，他与IBM公司一起在纽约恩迪科特的IBM实验室研制了“自动顺序控制计算机”（Automatic Sequence Controlled Calculator，简称：ASCC）。1944年1月，在测试之后，IBM将它拆掉，移送给哈佛大学，在以后的战争中这台机器租用给了海军。马克Ⅰ号,作为第一台美国制造的大型自动顺序数字计算机,重达5吨,有75万个组件,用掉了853千米长的电线,高2.4米,宽2.4米,长15米。马克Ⅰ号的3 300个机电继电器使它能够进行每秒3次的23位有效精度的加法。

霍珀的第一个任务是为这台计算机编程,计算自动推进火箭轨道的反正切级数系数。程序员的职责要求她将计算算法和公式转化为二进制编码的计算机指令,然后通过打孔的纸带输入计算机。她所编写和运行的关于弹道射程表的大部分程序都提示了防空武器的射程与发射角、弹药容量、风速、气压和其他一些变量有关。她还编程计算了船尾部牵引的扫雷探测器的清扫面积。霍珀、艾肯和由8名海军人员组成的小组,保持马克Ⅰ号每天24小时运行,进行各种军用运算,包括确定钢板的张力强度,分析无线电波的传播和模拟原子弹爆炸引起的冲击波。

在艾肯实验室工作的第一年,霍珀写了一本描述马克Ⅰ号编程程序的手册。这本561页的手册提供了计算机每个组件和电路功能以及完成各种任务的样本程序的细节性描述。1946年,《自动顺序控制计算机操作手册》出版,霍珀的手册成为《哈佛大学计算实验室年报》的前35卷。

由于计算实验室的人员增加,霍珀还承担了监管所有程序编写及培训新程序员的责任。所有以0和1组成的机器语言编码的程序员都必须懂得计算机最基础水平的硬件结构功能,她编制了机电继电器的时间表,附以展示机器内部顺序操作的电路图。在一系列笔记中,她记录了之后编程要用到的计算平方根、三角函数、数值求和与其他基础任务的编码片段。她鼓励每个程序员都收集一个类似的编码片段记录,与合作者们分享自己的常规工作,以减少编码的错误和重复性劳动。

在继续编程、操作和维护马克Ⅰ号的同时，霍珀和她在计算实验室的同事又开发了它的后继系列马克Ⅱ号。到1945年中期，马克Ⅱ号已可操作并在四则运算时具有5倍于马克Ⅰ号的速度。1945年9月，马克Ⅱ号停止运行，她和程序员小组发现有一只飞蛾卡在了1.7万个继电器中的两个之间。他们用一只镊子把这只昆虫夹了出来，并记录在日记本上，标明他们“调试”（debugged）了这台机器。尽管哈佛人员曾经用“错误”（bug）一词描述计算机的故障，但霍珀对这一插曲的频繁复述使“电脑错误”和“调试”的术语广为流传。霍珀将这一技术术语扩展到软件问题，用“调试一个程序”来描述确定输入计算机指示的逻辑或语法错误的过程。

战后，霍珀离开了活跃的军事任务，重新回到瓦萨任职，并加入了美国海军预备役。她接受了一个3年的基金。1946—1949年，作为工程系统和应用物理的民间研究者继续在哈佛艾肯计算实验室工作。她和艾肯一起，于1946年在《电工程》上发表了论文《自动顺序控制计算机Ⅰ，Ⅱ，Ⅲ》。她在文中的第一部分描述了马克Ⅰ号的机械原理及加减法的处理进程。在第二部分解释了如何执行设计更多操作的乘除法。最后一部分描述了如何制备和设计用于向计算机输入指令的打孔带。

为了鼓励有关计算机及计算这一尚显年轻但蓬勃发展的领域的公开讨论，霍珀和艾肯组织并主持了关于计算的第一次国际大会。1947年1月他们在哈佛召开的“大型数字计算机研讨会”，吸引了来自大学、工业和政府的实验室和研究组的300名参会者。霍珀注重与同行之间的交流与合作，并在事业中继续组织和参与了许多类似的活动。

霍珀在计算实验室的主要职责是领导民间程序员们的工作：例如，原子物理、无线电波、光和天文等军事、科学和商业应用领域编制程序。主要的工作是与美国空军计算包括涉及在电子学和雷达领域有重要应用的贝塞尔函数在内的14卷数值表。1948年，霍珀和同事的第一个商用数据处理程序是为“精明生活保险公司”计算保险金、红利、租用利息和印刷顾客票据。这个成功的程序计算机使她确信计算机可以被广泛地应用于商业，但这个想法当时并不被计算机领域与她同时期的人认可。

1946—1948年，计算实验室的成员设计并制造了第三台计算机马克Ⅲ号。这台电子计算机用真空管替代了继电器，比马克Ⅰ号的计算速度提高了50倍。马克Ⅲ号用金属覆盖纸制磁带替换了打孔纸带向电脑输入程序和数据。1948年，在霍珀及程序员小组成功地在马克Ⅲ号编码和运行了各种测试程序之后，它被送往空军。

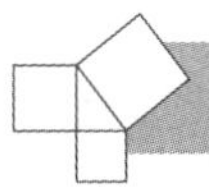

编译器和COBOL编程

1949年，霍珀接受了宾夕法尼亚州“埃克特-莫彻利电脑公司”（EMCC）高级数学家的职位。她为这家公司工作了18年，经历了1950年被雷明顿-兰德公司收购和1955年与斯伯里公司的合并。计算机先锋——埃克特和莫彻利在1947年离开宾夕法尼亚大学摩尔学院之后创立了EMCC，帮助开发了电子数值积分器和计算器（ENIAC）。作为EMCC的第一个工程，埃克特和莫彻利与北拉普（Northrup）航空公司签约设计并制造了二进制自动计算机（BINAC）。霍珀掌握了用0，1，2，……7等八进制记号来编程，相对于0和1表达的二进制语言有一些进步。1951年,雷明顿–兰德公司推出万用自动计算机(UNIVAC),第一台批量生产的商用机。由于装备了电子真空管、金属带和磁核存储,UNIVAC比马克Ⅰ号计算速度高1 000倍,并能够处理数值和代数数据。

在研究UNIVAC的编程技巧期间,霍珀发挥了很重要的作用。她游说、研制和实施了编译器(compiler)(她引入的一个词,以描述这样一个程序,它使计算机能够从更小编码模块构建程序)的概念。她在计算机的存储器中储存了子程序(subroutine),引导电脑运行特定函数的编码片段并为每个子程序编排了3个字母组成的记忆码。1952年,她做出了第一个编译器,被称为A–0,它自动按照提供的编码指示组装和排列子程序。最终组装的程序被电脑作为一个单元处理。1952年5月,在"计算机联盟"资助的于匹兹堡梅隆研究所召开的会议上,霍珀在题为《电脑的教育》这篇论文中陈述了她的编译思想。但她的计算同事们对这个让计算机自己处理大部分编程过程的全新想法却很迟疑。

作为UNIVAC部门自动编程发展的负责人,霍珀坚持开发新的编译器并推广它们的用途。在她主持的仪式上,她帮助组织和宣传海军自动计算方面的研讨。在1953年发表在《计算机和自动化》上的论文《编译程序》中,她解释了编译的基本原理。与莫彻利合写的论文《编程技术对计算机设计的影响》发表在1953年的《无线电工程所进展》上。1953年她还说服了杜邦(DuPont)化学公司、美国普查局、美国海军和美国空军使用她发明的A–2型商业编译器。到1956年,当UNIVAC开始使用霍珀的新一代编译器MATH-MAGIC时,整个计算产业彻底接受了编译器概念。为了与IBM的"公式翻译"竞争,MATH-MAGIC的设计能够使程序员使用包括英文动词和数学符号在内的指示编写科学用途的程序。

除了为科学应用开发A系列的代数编译器，霍珀还发展了B系列商用编译器来处理数据。尽管她的上司拒绝了她在1953年发展英语商用编译器的建议，她仍继续这个项目的研究。1955年1月，她递交了一份题为《数据处理编译器的初步定义》的内部报告，阐述了一种使用“Input, Compare, Go To, Transfer, If Greater, Jump, Rewind, Output”（输入、比较、走到、转移、如果更大、跳过、倒回、输出）等指令处理库存和价格信息文件的模板化编译器。她还运行了以法语和德语书写相同指令的程序，向她的上司展示机器的灵活性。她成功的展示说服了斯伯里-兰德公司出资发展这个产品。到1956年年末，她的能够识别20种英文单词和短语指令的B-0或FLOW-MATIC编译器被美国钢铁、西屋（Westinghouse）、杜邦、洛克西德（Lockheed）、美国海军和美国空军采用，用于薪工、票务、库存控制等。霍珀和她的小组成员还去访问客户，提供软件使用的培训。在两星期的训练之后，程序员便能够使用FLOW-MATIC，这些英文的指令使编程和调试的时间减少到原来的$\frac{1}{4}$。

1957年，当IBM引入了“商业翻译器”（COMTRAN）、霍尼韦尔公司引入了“全自动化编译技术”（FACT）时，霍珀和计算产业的其他领导者意识到发展能够在各种机器上通用的标准化计算机语言的必要性。她帮助组织了1959年在华盛顿五角大楼举行的会议，产业领导者、政府和大学就发展一种统一的数据处理语言达成共识。为了统筹这项巨大的工程，他们组成了一个由空军上校查尔斯·菲利普（Charles Phillips）领导的管理委员会，即“数据系统语言大会”（CODASYL）。作为CODASYL的特别顾问，霍珀成为对主体工作起决定作用的形式和进程决策者中有影响力的一员。1960年,"短期委员会"(Short-Range Com)推出了"通用商用语言"(COBOL)的第一个版本。由于如此多的委员会成员都是UNIVAC的客户,他们将霍珀FLOW-MATIC编译器的大部分设计并入了这个新的高级编程语言。

霍珀同她在UNIVAC部的编程组将COBOL语言应用到他们的计算机上。1960年12月6日,UNIVAC和RCA公开宣布他们开发出了COBOL编程语言的商业版本。那一天,霍珀在UNIVAC Ⅱ上运行了一个测试程序。第二天,在RCA501机上运行同一程序得到了完全相同的结果。这个高度公开化的宣言证明了编程语言的标准化是可以成功实现的,实现了高级软件和程序运行的特定硬件的分离。COBOL使用了可读的英文指令并能从一台计算机移植到另一台上,达成了霍珀的期望。她在UNIVAC后来的几年中参与编写了这个日后应用最广泛的高级语言的手册及工具。

除了开发FLOW-MATIC和直接地促成COBOL外,霍珀保持着紧张的日程安排,频繁地出席会议,与工业、政府、军方和教育等部门的同事交流她关于未来计算的看法。她典型的演讲有1958年电子数据处理大会上的《商业和工业中的自动化编程》、1959年计算机应用火炮大会上的《自动化编程语言和辅助》和1959年国家机器会计联盟会议上的《数据处理编译器》。

霍珀不断增多的公开露面和在计算机领域的成就使很多组织授奖于她。海军在1952年晋升她为上尉指挥官,1959年又获得中校军衔。1962年她成为电力电子工程所提名的最早两名女士之一。1963年,她当选美国高级科学联盟的会员。1964年,女性工程师协会授予她"成就奖"。UNIVAC在1961年晋升她为系统和编程研究的负责人,1964年晋升为高级科学家。

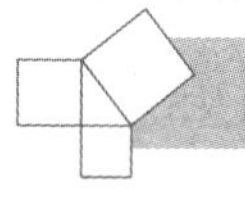

回到海军

1966年，60岁的霍珀已在美国海军服役超过了20年，海军通知按照规章安排她在年底退休。在7个月的退休生活之后，1967年，海军又将她召回担任临时职务直到1986年。她最初的任务是为海军所有非武器计算机进行编程语言的标准化。作为五角大楼海军编程语言组的负责人，她的职责是确保所有为海军提供计算机的硬件厂家使用美国国家标准局（ANSI）确立的COBOL标准化编译。与工业领导者一起，她参与编写了一个COBOL编译器，它是检验特定厂家是否符合所有ANSI标准COBOL编译标准的测试程序。她还开发了一些翻译程序，将非标准的COBOL语言转换为标准版本。1971年，霍珀的小组编写了一本训练和参考手册《COBOL基础》，这本手册发给了所有海军计算机合同商，帮助他们在计算机上执行COBOL标准。

为了表彰霍珀在海军服役期间的工作和她对计算机科学的贡献，1969年数据处理管理联盟提名她为“年度计算机科学人物”。1973年，在国会的特别决议中，她被晋升为上校，因为她年事过高，无法按照常规程序晋升。同年霍珀当选为国家工程院院士，接受了“功勋勋章”（Legion of Merit），她成为当选“英国计算机协会杰出人物”的第一位美国人，也是第一位女性。

在1977年海军军衔重整之后，霍珀成为华盛顿海军自动化数据指挥部的成员，负责对新技术的采纳提出建议，并提供关于计算机技术在海军中的应用的评估报告。她推荐使用微机网络而不是集成的主框架使海军处理系统更有效率。除了履行她的军事职责，她还在乔治·华盛顿大学教授管理科学，并于1984年与史蒂芬·门代尔

(Steven Mandell)合作出版了大学教科书《理解电脑》。海军在1983年晋升她为海军准将，两年后又升为少将军衔。1985年，她为《海军策略性指挥和控制》一书撰写了一章《未来的可能性：数据、硬件、软件和人》。同年，海军把在加州圣迪格的新数据处理中心命名为"格蕾丝·莫瑞·霍珀服务中心"。1986年，霍珀接受了国防部的最高奖项"国防杰出贡献奖"，并以79岁高龄退休，成为军队服役年龄最大的军官。

在服役的最后的一年前，霍珀作为高级顾问加入数字设备公司(DEC)。1986—1990年，她代表DEC在计算机产业论坛及其他场合中发言，每年发表多达200次关于先进计算概念和信息与数据价值的演讲。在演讲中，她经常向听众们展示3.6米长的电线，这是电子信号在1纳秒(10的9次方分之一秒)中传播的距离，还有一卷1 000倍长的电线表示1微秒，以劝告听众不要浪费时间。她向听众们说，她在办公室里放了一只反时针方向走的钟表来鼓励人们进行非常规的思考。她不厌其烦重复的一条建议是，实施一个好的想法时，事后请求原谅比事先请求允许要容易。1991年，她被授予工程和技术领域的最高荣誉"国家技术奖章"。1992年1月1日，霍珀在弗吉尼亚州亚历山德亚家的梦中离开人世，享年85岁，并埋葬在弗吉尼亚州的阿灵顿国家公墓。

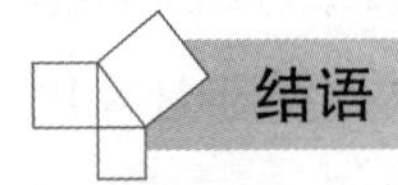

结语

霍珀被称作"令人惊奇的格蕾斯""计算机时代的祖母""资深软件女士"和"祖母COBOL"，影响了计算机时代前40年的发展进程。她引入的能够从子程序的存储库中选择和排列编码模块的编译器从根本上改变了计算机编程者的工作方式。通过FLOW-MATIC编译器和在CODASYL的工作，她影响了可移植、类英语、标准化的商用COBOL变成语言的拟订和成型。她在海军和工业制造者中的工作帮助了军用和商业数据处理软件及政策的标准化进程。

九 阿兰·图灵

(1912—1954)

现代计算之父

阿兰·图灵在第二次世界大战期间破译了德军密码，构想了理论图灵机的概念，从而建立了多用计算机基础设计原理（图片由时间与生命/吉蒂图片社提供）。

阿兰·图灵（Alan Turing）参与设计和制造了一些早期的电机和电子计算机。他对理论图灵机概念的构想解决了数学逻辑中的决策问题，为多用（multipurpose）计算机的基础设计提供了基本原理。在第二次世界大战期间，他利用统计、密码学（cryptography）和逻辑的知识设计了能够破译德军密码的机器。他发明了图灵测试来判断一个机器是否具有人工智能。他在计算机硬件和软件方面的工作为他赢得了“现代计算之父”的称号。

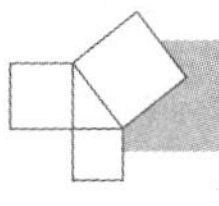

教育和中心极限定理

1912年6月23日，图灵出生在英国伦敦的帕丁顿教区（Paddington）。父亲朱留斯麦吉森·图灵是外事局的成员，母亲是爱莎尔·莎利·斯通尼。图灵和他的哥哥约翰由一对退休的军官沃德夫妇抚养，而他们的父母居住在印度。这两个男孩平时在伦敦的公立学校上学，每年假期时到威尔士、爱尔兰、苏格兰、法国或意大利与父母会面。他们的父亲1926年退休之后，定居在法国北海岸的旅游胜地迪纳尔（Dinard），此后他将图灵兄弟送往英国南海岸唐塞特的一座寄宿制男子学校。在这所学校的5年中，图灵由于数学成绩突出而得到了很多奖励，并独立地开展化学实验。1930年他的同学克利斯朵夫·墨卡姆不幸去世，图灵转而对关于人类意识的玄学问题深感兴趣，这对他今后计算机方面的研究至关重要。

1931年，图灵获得了剑桥大学国王学院的奖学金，他集中精力研习数学。他加入了学校里的“道德科学俱乐部”。第三学年的12月，他在该组织的会议上宣读了自己的论文《数学和逻辑》。这篇论文的主要意思是说数学内涵丰富，不可能被还原为纯逻辑的应用。1934年，在他3年学制的末期，他的成绩名列“数学荣誉学位考试”（Tripos）的前9名，被授予“B−星辩士”（B-Star Wrangler）优秀奖，还得到了200英镑的资助，这使他能够继续进行一年的研究生教育。

在他大学学习的最后一年和研究生工作的这一年中，图灵对概率和统计产生了兴趣。1933年的秋季学期，他听了天体物理学家亚瑟·斯坦利·爱丁顿（Sir Arthur Stanley Eddington）爵士关于科学方法论的一系列讲座，其中探讨了这样一个事实，实验测量中的观测误差倾向于具有近似的正态，或说高斯分布。不满足于爱丁顿对这一现象的非正规推导，图灵给出了一个严谨的数学证明，这一基本原理被称为独立随机变量的中心极限定理。尽管芬兰数学家加尔·瓦德曼·林德堡（Jarl Waldeman Linderberg）在12年前就获得了这一结果，图灵1934年题为《关于高斯误差函数》的论文还是使他在1935年进入了国王学院，一年后他获得数学硕士学位，1936年这篇论文作为最好的数学论文获得了“史密斯奖”。

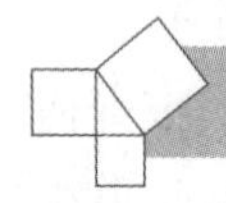

图灵机的引入

1935—1937年，图灵的工作集中于可决定性（decidability）的问题上。1931年，奥地利裔的匈牙利数学家哥德尔证明了有一些数学声明是不能够被证明的。在此3年前，希尔伯特提出了与此相关的“决定性问题”（Entscheidungs problem），即决定一个给定数学证明是否被证明的算法是否存在。希尔伯特认为这个问题是数学逻辑中的主要问题。图灵在1937年发表在《伦敦数学会公报》上的论文《关于可计算数，及在决定性问题中的应用》中指出，这样的算法是不存在的。

图灵的论文引入了一种抽象的机器，即图灵机，它的移动决定于它所扫描到的符号和它所处的状态。他的理论机器能够识别当前磁带方格中的符号；擦去符号、替换符号、不做任何处理；改变自身的状态；移往上一个或下一个方格，处理另一个字符。这个机器遇到每个字符时所采取的操作已事先由一个有限规则集，即操作表决定。每个指令都可被表达为5个参量：当前状态、当前字符、擦去/置

1	0	1	0	1	0	……	

	b̸	0	1
S0	0, S1, right	1, S1, right	No change, S1, right
S1	1, S0, left	No change, S0, right	0, S0, left

图灵机包含一个无限长度的磁带和一个有限的指令集，同时给定状态和特性，就能决定操作。在操作表中列出6条法则将使图灵机以一个空白磁带开始，产生一个无穷的序列：1010101010……代表可计算数的二进制展开。在行S0和列b̸中的指令表示，如果机器处于状态0，当前的符号是空白，那么它就会写下符号0，把自己的状态改为1，并将磁带向右移一格。

换操作、新状态和左/右运动。如果没有与当前状态和符号对应的指示，机器就会停止运行。

借助这个抽象机器，图灵引入了两个严格的定义，使他能够提供决定性问题的答案。他正规地定义了一个算法就是一个能够被图灵机执行的有限操作集。他还定义了如果介于0和1之间的实数能够使某种图灵机由空白带开始，产生一个由无限0和1序列组成的这个数的二进制展开，那么这个数就是可计算的。比如，一个二进制展开1101000……表示无穷求和 $\frac{1}{2}+\frac{1}{2^2}+\frac{0}{2^3}+\frac{1}{2^4}+\frac{0}{2^5}+\frac{0}{2^6}+\frac{0}{2^7}+\cdots\cdots$ 得到的数值。通过这些定义，图灵证明了如果所有给定的图灵机都产生一个无穷的0和1序列而不能停止，那么不存在确定的算法。通过显示图灵机产生了一个可计算的数却不能由有限算法确定的事实，他证明了决定性问题的答案是“否”。

尽管图灵在1936年4月就完成了这篇文章，但直到1937年1月才发表，因为美国数学家阿龙哲·彻奇（Alonzo Church）在他1936年4月发表在《美国数学》上的论文《基础数论的一个未解难题》中得出了相同的结论。彻奇用到了λ-可定义性（λ-definability）来证明算法化不可解问题的存在性。各自读了对方的文章后，这两位数学家意识到他们是用不同的方法独立地解决了决定性问题。图灵在他1937年发表在《符号逻辑》（彻奇前一年创建的期刊）上的论文《可计算性和λ-可定义性》中证明了他们二人结果的等价性。他们独立发现的结果被合成为彻奇-图灵理论。

除了解决决定性问题，图灵关于可计算数的论文中引入了万用图灵机的概念，当一个多用计算机采用适当算法时，可以执行任何自动化计算设备的功能。他建议通过读取磁带上的“描述数字”，多用机可以编程执行任何计算或自动化的操作序列。这篇论文中详述的万用图灵机成为第一个工作计算机的模型。

1936年9月，图灵乘船来到美国，和新泽西州普林斯顿大学的彻奇开始为期一年的合作研究。他接受了剑桥大学3个“保护人访问者基金”中的一个，于是延长了一年，并在彻奇的指导下拿到了博士学位。1938年完成的学位论文《基于序数的逻辑系统》，发表在次年的《伦敦数学会公报》上。他这篇数学逻辑领域的理论，细致地探讨了由序数α构建的逻辑系统中问题的可解性。他在这篇论文中提出的思想影响了此后20年数学家们的研究。波兰数学家爱弥尔·波斯特（Post, Emil Leon）独立地提出了与图灵机等价的概念，参考20世纪40年代早期图灵的论文，他发展了一个系统，按照不可解度将问题分类。20世纪50年代末期，奥地利数学家乔治·克雷塞（Georg

Kreisel）将图灵的序数逻辑进行扩展，来描述非正规证明方法。

除了论文研究，图灵在普林斯顿期间还完成了代数、数论和布尔逻辑（boolean logic）等方面的工作。1938年他发表在《数学年报》上的论文《李群的有限近似》讨论了一个数学结构——有限群的构造方法，它占有了一个相关的、更复杂李群的大部分性质。同年另一篇发表在《数学选编》上的论文《群的延伸》，给出了一个更有效和普遍的方法，来得到关于德国数学家瑞霍德·拜尔（Reinhold Baer）导出的群延伸的一些结果。图灵尝试机械地计算黎曼ξ函数来推翻黎曼假设——数论中几个首要的未解难题。离开普林斯顿之后，他仍继续着这方面的工作，最终写成了1939年的论文《ξ函数的一种计算方法》，但直到1943年才发表在《伦敦数学会公报》上。

1938年，在结束博士论文之后，图灵回到了国王学院，继续获得奖金。他带回了在普林斯顿物理学院研究生机器商店制造的电机继电器。这些电子设备可以对逻辑操作"与"（and）、"或"（or）、"非"（no）做出响应，并能够物理地执行图灵和同事们在之上勾画的方程系统——逻辑门。他们将这些构件组联合起来制造出了第一个做乘法运算的三级电子计算器。这一年图灵申请到了40英镑的基金，他用电机继电器来制造一个特殊用途的模拟计算器以计算黎曼ξ函数。由于第二次世界大战爆发，他未能完成这项工作，把事业转向了其他方面。

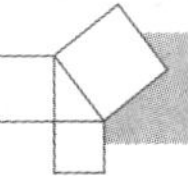

破译德国海军密码

1939年9月4日，第二次世界大战欧洲战场开始的第二天，图灵申请了位于白金汉郡布莱切利公园的“政府代码及加密学校”，加入到秘密“超”（Ultra）计划的加密术组，负责破译德军密码。德国当时已经发明了叫作“英格玛”（Enigma）的加密机，这台机器有3个回转轮，每个包含26个位点（setting）和有26个洞的穿孔板来编码字母，产生的加密码有一亿亿种可能。基于这项工作，一组波兰数学家已经系统地破译了一种早期、原始英格玛机加密的信息，图灵和他的同事研制成功的机器破译了德国发送给北大西洋上U–船站的情报。

图灵以不同的方式继续着加密术方面的工作。他参与研制了一种电机继电器加密机器，能够有条不紊地测试密码直至找到正确的组合。这种机器因为继电器开关发出的滴答声音而被叫作“炸弹”（Bombes），使破译一条情报的时间由几星期减少到几小时。图灵还利用他的统计知识研制了采用序列分析、经验方法和证据权重对数的新的统计破译技术。1940年，他写了一篇关于英格玛机的内部分类文件，《英格玛机的数学原理》，在布莱切利公园被称为“教授的书”。1941年，图灵成为该组织的领导者，直接向英国首相丘吉尔写信申请更多训练有素的成员加入。丘吉尔把他们的工作看作是秘密“超”计划的重要组成部分，因此把这个请求放在了优先地位。到1941年年底“炸弹”已相当成熟，在德国海军送出情报几分钟后便能破译。随着对U–船站军事智能控制的提高，北大西洋上的商用和军用航线变得更加安全。

1943年，当德军发明了一种新的密码机“洛伦兹”（Lorenz）和一种新的编码系统“鱼”（Fish）之后，英国和美国的智能小组联合起来设计制造了第一台可操作的电子计算机。这台被叫作“巨人”（Colossus）的机器使用了1 500个电子真空管，比“炸弹”快1 000

倍。这台机器融会了图灵的设计思想并沿用了"炸弹"中成功的组合和统计算法。1944年早期,"巨人"成功地破译了"洛伦兹"加密的情报。1945年,为了表彰图灵在战争期间所起的重要作用,英国政府授予他"大英帝国令"。

除了在布莱切利公园的工作外,图灵在战争年代还花了一些时间撰写数学逻辑方面的研究论文,并向美国计算机设计者和密码分析者征求意见。1941年,他写了分为3部分的未发表的手稿《关于彻奇系统的几个定理》。次年在《符号逻辑》上发表了相关论文《关于彻奇类型理论的一个正规定理》,这是他与前剑桥大学教授麦克斯韦·纽曼合写的,还有一篇《彻奇系统中点作为括号的用途》。这组论文细化了彻奇的λ微积分系统,使之成为计算机科学家的有力工具。1942年年末,图灵到美国进行了为期5个月的出行,他访问了柯达公司、贝尔实验室、国家现钞登记公司、IBM、海军计算机实验室、海军加密组和通信供给活动组,交流情报破译和计算机研制的想法。

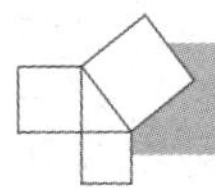

ACE和MADAM计算机工程

在战争的前5年,图灵在两个计算机计划的发展中起到了举足轻重的作用。1945年6月,他拒绝了剑桥大学的教师职位,加入了伦敦的国家物理实验室(NPL)的数学分部,这是一个意在设计和研制多用计算机的政府分支。基于他在"炸弹"上的工作,图灵设计了一台被称作"自动化计算引擎"(ACE)的电子计算机。他的设计包含了许多现代计算机的基本特征,包括内部存贮指令、随即获取记忆、微编程和利用模块执行子程序需求。1946年3月，他提交了一份题为《建议的电子计算器》的建议研制ACE。这篇报告对计算机进行了详细完整的描述，包括一个逻辑电路图和11 200英镑的造价估计。他将这种计算机展望为万用图灵机的物理执行，通过编程，不仅可以解密，进行数值计算，还能下棋，解字谜方格。在1946年12月和1947年1月向供给部以及1947年2月向伦敦数学会做的报告中，他描绘了ACE计划和机器能够通过编程学习、能够犯错误、能够具有真正的智慧的看法。由于资金和政治问题，这项计划被推迟了一年，又由于开始时的工程工作问题又拖延了一年，图灵感到很沮丧，1948年辞去了国家物理实验室的工作。两年后，这家实验室成功地制造了一个对他的最初设想有所缩减的版本，即“飞行员

第二次世界大战后，图灵设计了“自动计算引擎”（ACE），它包含了许多现代计算机的基本特征，包括内部存贮指令、随即获取记忆、微编程和利用模块执行子程序需求（影像作品）。

ACE”（Pilot ACE），并进一步研制出了一个商业模型DEUCE。

1948年，纽曼邀请图灵接受曼彻斯特大学的职位，在那里他成为新成立的“皇家学会计算实验室”的代理负责人。这个由数学家和科学家组成的团体设计并研制了“曼彻斯特自动数字机”（MADAM）。图灵负责设计了这台计算机的软件，发明了为更大型程序书写子程序和编写使计算机能够执行精确计算数值分析的标准化方法。在1948年发表在《力学和应用数学季刊》上的论文《矩阵处理过程中的约化误差》中，他讨论了操作数组时程序的局限性。1949年6月，在剑桥大学的计算机《电子延迟存储自动计算器》（EDSAC）的发布会上，他提交了一篇《大型程序检测》的论文，其中他解释了确定电脑程序正确性的系统方法。他主编的曼彻斯特大学计算实验室的研究成果《曼彻斯特电子计算机程序员手册》于1950年出版。图灵在1951年曼彻斯特大学计算机大会上提交的论文《本地编程方法和转换》中，他进一步解释了MADAM的编程技巧。1951年，为了表彰他在计算机和图灵机设计方面的工作，他当选为皇家学会会员。

人工智能的图灵测试

1947年，图灵向伦敦数学会做出陈述，他最终的目标是设计和制造具有真正智慧的计算机。1947—1948学年，他在剑桥大学学习神经学和生理学，进一步增强了他对人脑工作原理的认识。在1948年写给国家物理实验室的报告《智能机器》中，他详细叙述了他对一台会思考的电脑的设想。关于这一主题的论文主要是1950

年发表在《意识》(Mind)上的《计算机和智能》。在这篇文章中,他提出了一种实验来检测电脑是否具有人工智能。他的"模拟游戏",即图灵测试中是让一个人通过键盘输入问题并从远程获得回答。这个实验需要人类个体来判断回答者是人还是计算机。图灵预测在今后的50年中,计算机就可以胜任这个游戏,在5分钟问答之后,人类只有70%的概率正确辨认出远端的回答者。图灵测试现在仍被用来判定一台电脑在多大程度上具有人工智能。

图灵公开地宣讲人工智能以便获得广泛支持,使政府资助计算机方面的研究。1951—1952年,他参与录制了英国广播电台(BBC)的节目"数字计算机能思考吗"和"可以说自动计算机在思考吗"在1953年出版的书《比思绪更快》的《数字计算机在棋类中的应用》一章中,图灵写了"棋"的部分。他的评论强调了棋类游戏中策略决定的能力是人类智慧的基本品质。1954年发表在《科学消息》上的论文《可解与不可解问题》中,他向大众读者指出了一些计算机解决问题能力的局限性。

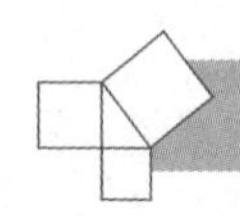

生物生长中的数学思想

20世纪50年代早期,图灵对数学理论在生物形态上的应用以及生命有机体的模式和形式开始感兴趣。尽管他写了一些有关这些题目的手稿,但只在1952年《皇家学会哲学记录》上发表了一篇《地貌的化学基础》。在这篇文章中,他分析了以下的数学现象,对于描述生物体生长的微分方程组,初始条件中微小变化将引起日后长期的发展和行为上的重大变化。他讨论了这个性质应归咎于生物体在适应环境过程中的不对称发展。通过这篇论文，他试图解释动物皮肤的条纹和斑点以及叶序——植物上叶子的排布。图灵关于生物形态的未发表的论文包括《菊花演变概述》；与英国植物学家克劳德·W.沃德劳（Claude W. Wardlaw）合写的《植物形态理论中的扩散反应》；专题论文《叶序形态理论》，包括《叶序的几何与描述》、《生物形态的化学理论》和《球形对称案例的形态方程解法》。

在开展人工智能和生物形态学的工作的同时，图灵继续着纯数学领域的研究。他1950年发表在《数学年报》上的论文《涉及消去的半群中的字问题》考察了判断一个给定代数元素组合是否等价于这个代数结构的幺元（identity elememt）的算法的存在性。普斯特曾经证明了对于半群结构这样的算法是不存在的；图灵将同样的结果应用到符合一个附加条件（消去律）的半群中。在1953年发表在《伦敦数学会公报》上的论文《黎曼ξ函数的一些计算》中，图灵实现了他在20世纪30年代晚期提出的用计算机计算黎曼ξ函数值的想法。

1952年，图灵因同性恋被拘留并被指控严重地触犯了英国法律。他失去了清誉，被处以一年查看，被迫进行雌激素治疗。1954年6月7日，在进行涉及氰化钾的电分析实验中，他摄食了致命量的剧毒品。警方在他身边找到了一个沾有氰化物的吃了一半的苹果，将他的死判定为自杀。

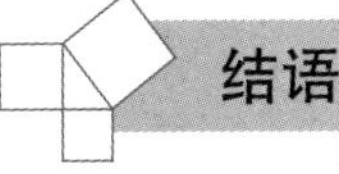

结语

在他丰富的职业生涯中，阿兰·图灵是纯数学家、计算机工程师和计算机科学家。他引入的图灵机为数学逻辑中的决定性问题提供了答案。他制造了电机继电器，参与设计了特种用途的计算机“炸弹”和“巨人”来破译密码情报，他还设计了多用ACE电脑。作为一个计算机科学家，他为MADAM计算机开发了编程技术，为人工智能引入了图灵测试。他将数学许多分支（统计、加密术、群论、数论和逻辑）的知识应用到发展破译密码的算法，应用到研究生物有机体形态学，应用到分析黎曼 ξ 函数。

1966年，国际专业计算机科学家的团体——计算机联盟，设立了“年度A. M. 图灵奖”以表彰对计算机科学领域作出杰出贡献的计算机科学家和工程师。通过将最高荣誉命名为图灵，这个协会纪念了他在连接数学基础和计算局限上的重要贡献。鉴于他在计算机硬件、软件和未来计算机设想上的先锋工作，他被称为“现代计算之父”。

十　保罗·厄多斯

(1913—1996)

旅行研究伙伴

保罗·厄多斯与500名研究者合作了1 500多部书和论文，设计图论、组合、集合论和数论（图片由陈凡提供）。

在横跨70年的研究生涯中，保罗·厄多斯（Paul Erdös）与500多位研究者合作了1 500多部书和论文。从来没有在学术部门中担任任何职位，他周游世界，发表客座演讲，访问具有相同数学兴趣的同行。他这种进行联合研究的合作方式影响了数学家工作方式的变化。厄多斯在图论、组合和集合论等领域作出了重大贡献，帮助建立了数学的新分支拉姆齐理论（Ramsey theory）、概率数论和极端性理论（extremal theory）。他在数论中最重要的发现是他发展了关于质数、过剩数、连续积分乘法和整数列等定理的新证明。他幽默风趣，行事独特，对难题有强烈的好奇心，这些促使他成为国际数学界的名人。

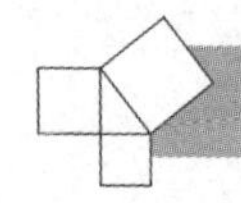

聪明的厄多斯

1913年3月26日，厄多斯生于匈牙利首都布达佩斯。父亲莱约斯和母亲安娜·威尔亥姆·厄多斯是犹太人。姐姐麦达和珂拉在厄多斯出生前几天死于流行性猩红热。在一年后的第一次世界大战中，他的父亲被俄国军队囚禁，而他则被送至囚犯劳动营。作为家中唯一的孩子，厄多斯在母亲全方位保护下渐渐与外界隔离。母亲对他可谓有求必应，以至于厄多斯11岁才学会如何系鞋带，21岁才开始自己动手把黄油涂在面包上。由于不会做饭、开车，以至于成年后他都强烈地依赖于朋友与同事的协助。

由于父母都是高中数学老师，厄多斯大部分的童年是在数学世界中度过的。他两岁时就可以做一些简单的算术题目。3岁时就理解了负数的含义，有一次还向母亲炫耀说100减250是"−150"。他4岁就能够心算4位数的乘法。他的童年教育基本上是在家中进行的。之后，他进入了父亲执教的塞格德高中。在学校里他和同学比赛解《中学数学》月刊上的题目。他的照片和解题方法曾在1926至1930年的《中学数学》中数次刊出。尽管厄多斯擅长计算和解题，但他对论证数学性质正确性的逻辑推理更为着迷。17岁时他已经知道了毕达哥拉斯定理，即关于直角三角形三边长度的著名几何定理的37种证明。

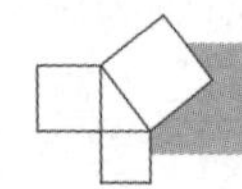

第一篇研究论文

高中毕业时，厄多斯以在标准大学入学考试中以最高分的成绩考入布达佩斯国立大学。这是一所为匈牙利最聪明的年轻人提供数学及其他科学领域先进知识的大学。在那里，他认识了一群经常在公园里的雕像前聚集或是徒步到野外研究数学问题及其证明的学生。有时候厄多斯几乎一动不动地坐在那里，完全陷入沉思。每当想到一个有深刻见解的想法时，他就会激动地跳起来，挥舞着胳膊走来走去。他和朋友们会一起讨论他的想法，以确定是否对解题或证明命题有所帮助。

18岁时，作为大一新生，厄多斯发现了一种证明80年前俄国数学家契比雪夫（Pafnuty Chebyshev）已经证明为定理的新方法。定理涉及了素数，即全体除1及自己外不能被其他正整数所整除的正整数。契比雪夫已经证明对于任意大于1的数字 n，在 n 和 $2n$ 之间必有至少一个素数。例如，当 $n=5$ 和 $2n=10$ 之间有素数7，在13和26之间有素数17，19，23。契比雪夫已经给出了一个运用高深数学方法证明其正确性的长篇解释。厄多斯发现了一个更简单易懂的证明，并且扩展了定理内容：如果 $n > 7$，则在 n 与 $2n$ 之间有至少两个 $4k+1$，$4k+3$ 形式的素数。塞格德大学的数学教授卡尔马（László Kalmár）将厄多斯的证明翻译成德语并推荐给他所在大学的刊物《塞格德文学和科学成就》（Literary and scientific achievements at Szeged）。发表于1932年的题为《契比雪夫定理的证明》（Proof of a theorem of Tschebyscheff [Chebyshev]）的论文是厄多斯漫长而又多产的数学生涯中1 521篇论文的第一篇。

第二年，厄多斯发现了一种证明数论学家詹姆士·西尔维斯特（James Sylvester）和爱塞·思彻（Issai Schur）已经证明的关于过剩数分布定理的新方法。对于一个正数 n，如果它的因数（可以整除它的数），加起来大于 n，则 n 被称为过剩数。例如，12是一个过剩数，因为它的因数1，2，3，4，6加起来大于12。厄多斯1934年在《伦敦数学会刊》上发表的题为《一个西尔维斯特和西尔维斯特定理》的论文中解释了他的证明。厄多斯的工作成果给思彻留下了深刻的印象，称厄多斯为“布达佩斯的魔法师”。这两篇论文使厄多斯获得了数学博士学位。

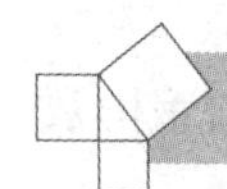

共同的研究合作

在公园和厄多斯讨论数学问题的朋友圈对厄多斯一生专业研究的方式有着持久的影响力。1934年，厄多斯和保罗·图然（Paul

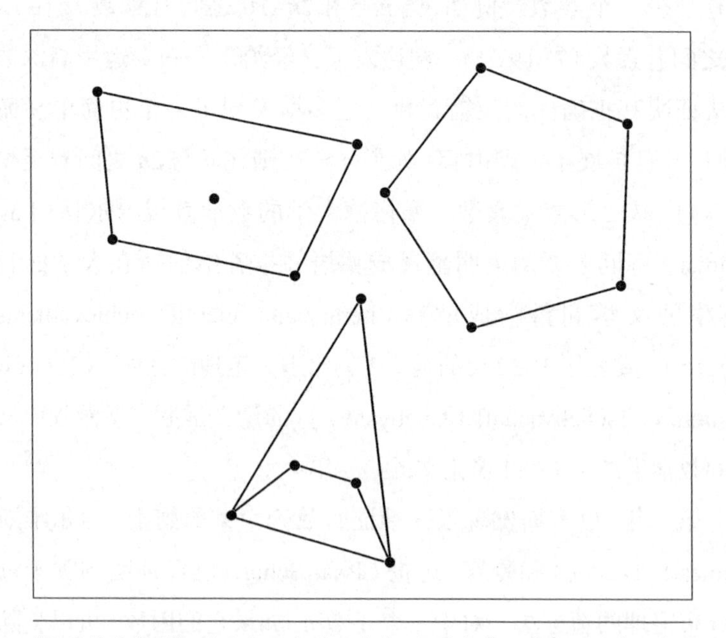

“快乐结局问题”，对于平面上的五个点，如果任意三点都不共线，则必存在四个点组成的凸四边形。

Turá）在《美国数学月刊》上共同发表了一篇名为《关于数论基本理论的一个问题》的论文。同一年他和乔治·塞克斯（George Szekeres）写了一篇名为《关于一个给定顺序的阿尔贝群的数目和相关理论问题》的论文，并发表于《塞格德文学和科学成就》上。依斯瑟·克莱因（Esther Klein）发现了同一平面上五点随机排布的一个性质，她和厄多斯、塞克斯一起工作，想要将这个结果推广到点数更多的情况。在此期间，她与厄多斯坠入爱河并结婚。1935年厄多斯和塞克斯写了题为《一个几何的组合问题》论文，发表在《数学选编》上，其中展示了关于这一问题的工作成果，厄多斯戏称其为"快乐问题"。

在他的学术生涯中，厄多斯曾与500多位研究者合作论文。这些充满热情的合作影响了数学家们从事研究的方式。厄多斯1932年发表第一篇研究论文时，只有10%发表于数学期刊的文章有一位以上的作者。大多数数学家只是独自工作，直到成功证明了一个定理以后才与别人交流。70年后，50%以上这个领域的研究论文都是合作的。数学家们通常会讨论未完成的想法并一起工作去证明定理。尽管这种变化并不能都归功于厄多斯，但他有着任何个人都无法比拟的深远的影响力。

有一个有趣的玩笑，每个数学家都获得了一个厄多斯数字，用以说明他距离这位多产的合作者有多远。厄多斯的厄多斯数字是0；近500位曾与厄多斯共同写作论文的数学家的厄多斯数字是1；6 000多位曾与厄多斯的合作者合作过但没有和厄多斯本人合作过的数学家的厄多斯数字是2；曾与上述6 000人合作过的人的厄多斯数字为3；以此类推。结果几乎所有健在的数学家的厄多斯数字都小于10，由此可以看出厄多斯在当代数学的联合研究中处于多么中心的位置。

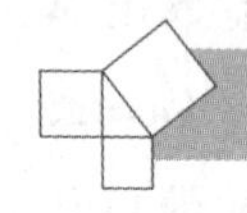

四处游历的数学家

1934年，在完成他的博士论文后，厄多斯获得了英国曼彻斯特大学研究员的职位。在曼彻斯特4年的工作中，他还拜访了在其他欧洲大学的同事，但却从来不会在一个城市一次停留很长时间，这也是他整个事业中的习惯。通过这些合作产生了46篇研究论文，大部分是关于数论的问题。在《伦敦数学会刊》上，他发表了包括1935年的《关于一些整数列密度》、1936年的《关于将一个整数表示为 k 的 k 次幂之和》和1938年的《关于能够被表示为二进制的整数》在内的16篇论文。

厄多斯这个时期最有影响力的工作成果是在一个新的数学分支——极端性理论中的两个结论。1938年题为《关于任一数都不能被其他两数之积整除的数列及相关问题》的论文，发表在俄罗斯期刊《托马斯克大学学术交流——从图论到数论的技巧》上。在这篇论文中，厄多斯使用图论的技巧解决了数论中的一个问题。基于这项创新策略，图兰发展了极端性理论。在极端性理论中，数学家详细研究了诸如一个图在没有一个三角形的情况下最多可以有多少条边的问题。同年，厄多斯、中国数学家柯召（Chao Ko）和德国数学家理查德·雷达（Richard Rado）证明了厄多斯–柯–雷达（Erdös-Ko-Rado）定理。尽管直到1961年这一定理才以“有限集合系统的相交定理”为名发表在《数学季刊·牛津系列》上，但它立刻就成为极端性理论中最基本的结果之一。随着这一数学领域的发展，厄多斯的诸多贡献在提炼主要问题及提供新解法的策略方面起到了重要作用。

1938年的欧洲处于第二次世界大战的深渊中。厄多斯逃到了美国，在新泽西州普林斯顿高级研究所他得到了为期一年的数学研究职位。受到波兰数学家马克·凯克（Mark Kac）访问讲座的启示，厄多斯开始运用概率统计解决数论问题。这两位数学家发现对于任意正整数 n，小于 n 的质因子的个数符合正态分布。这一重要的结论——厄多斯-凯克定理，他们在1940年发表在《美国数学期刊》上的论文为《可加和数论函数中的高斯误差定律》。这篇论文建立了数学的一个新领域——概率数论，并引入了被称为厄多斯方法的技巧。

在文章中，厄多斯还证明了连续整数的乘积不可能是一个平方数。这一结论是他一生寻找和解决的典型问题类型——容易陈述却难以证明的深刻结论。他的两篇关于这一问题的论文——《连续整数乘积的观察Ⅰ，Ⅱ》发表在1939年的《伦敦数学会刊》上。

1940—1954年，厄多斯曾在宾夕法尼亚大学、普渡大学、密歇根大学、圣母玛丽亚大学短暂任职，但从来不会隶属于某一特定机构。他对教授一门有准备的课程不感兴趣。他更喜欢边游历北美，边发表客座讲座挣钱，并且拜访数学界的同行。在每一个地方，他都一连几天埋头于热烈的研讨会中。在整个事业中，他平均每年写40篇论文，并与近20位新的研究人员合作。四处游历时，他只携带一个装有一套衣服的箱子，一个装满论文复印件的购物包和一个可以随时记录新想法的笔记本。他通过写信和寄明信片与世界各地的同行交流，每年千余张。当他到达一个数学家的家中做短暂的访问时，他总会以他的名言给予问候："另一张房顶，又一个证明。"

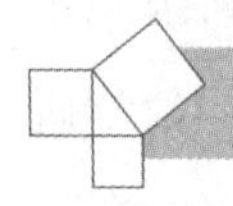

丰富的数学贡献

与人合作的和自己独立的研究，厄多斯对数学的许多分支作出了重要贡献并建立了许多有待探索的新分支。他1942年在《数学年报》上发表的论文《关于迭对数定律》，对数论作出了重要贡献。和阿尔弗来德·塔斯基（Alfred Tarski）一起创立了现代集合论的基础——不可达基数理论。他们的工作在1943年《数学年报》上的一篇题为《关于互斥集合族》的文章中也有提及。在组合的算术理论中，他举出了很多关于分割的典型实例——把一个正数写为其他正数的和的形式。以4为例，4可以写为3+1或者是2+2或者是2+1+1或者是1+1+1+1。他在1973年出版的论著《数数的艺术》（The Art of Counting）包含了他在这方面的很多有影响力的论文。在几何学方面，他曾提出如何分割一个大正方形而使分出来的每一小块都是一个不同大小的正方形的问题。他也曾努力推广数学中的一些冷门领域，比如，数学家们用于研究离散数据中模式发生的拉姆齐理论。

厄多斯通过证明具有某些拉姆齐性质的图的存在，从而在图论中引进了概率论。虽然并没有构造出这样一个图，但他证明了特定条件下满足这些性质的随机图的存在具有实证概率。他发表于1947年的《美国数学会简报》上有影响力的论文《关于图论的一些看法》中给出了概率论方法的第一个具体应用，而这种方法直到现在仍被离散数学和电脑理论研究者们频繁采用。

1949年，厄多斯做出了职业生涯中最辉煌的发现——他和挪威的数学家阿特·西尔伯格（Atle Selberg）一同发现了质数定理的一个优美证明。这个著名的数论结论是指，对于任何的正整数n，小

于 n 的质数的个数约为$\frac{n}{\ln n}$个。这个问题由来已久，法国的莱格德和德国的高斯在1800年前后都曾提出并试图求证，直到1896年法国人雅克·哈德马德（Jacques Hadamard）和查尔斯·德·拉·瓦列-贝吉姆普森（Charles de la Vallée-Poussin of Belgium）才给出了详尽的证明。而厄多斯和西尔伯格独立地证明了两个定理，联合这两个定理即为这个著名命题提供了一种更加简洁的证明，这一成就在数学界中广受称赞，但是两人都因为怀疑对方学术抄袭而争得面红耳赤，一定程度上这也玷污了这光辉的成就本身。后来，两人的争端终于有了定论。西尔伯格被授予1950年度享有盛名的“菲尔兹奖”（Fields Medal），这个世界大奖一般颁发给40岁以下取得重要成就的数学家。厄多斯也获得了由美国数学学会颁发的1951年度数论领域中的弗兰克·奈森·科尔奖，以奖励数论领域中的最佳论文。厄多斯的这些贡献也出现在1949年的《国家科学会学报》上一篇题为《关于基础数论中一个证明质数定理的新方法》的论文中。

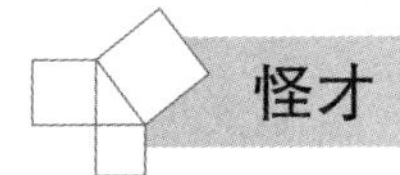

怪才

在厄多斯一生中的很多时期，他到世界各地的游历是很受限的。第二次世界大战期间，他甚至到东欧返乡探亲都受到了政府的严格管制。1954—1963年，美国政府也拒绝他入境。1941年8月，他与英国数学家阿瑟·斯通（Arthor Stone）以及日本数学家角谷静夫（Shizuo Kakutani）一起入狱，罪名是非法侵入纽约长岛上的一个军用雷达设备区。后来，这次事件被政府官员引证为他通敌而对国家安全造成威胁的证据。于是，在他的护照恢复之前，厄多斯只好频繁前往加拿大，在那里他才得以安全地同美国同行们一起探讨共同的合作课题。

厄多斯终其一生都保持与母亲的密切联系。他的母亲曾收集整理他的学术论文达20年之久，并频繁地把这些材料发给需要它们的人。每个仲夏，她都和厄多斯一起到匈牙利科学院附近的宾馆度假，在那里，她还能见到儿子的一些学术界同事。厄多斯的母亲从1964年一直到1971年她去世之前，始终是他动荡不安的游历生活的旅伴。在她死后，她为厄多斯担下的大量职责，落在了来自新泽西的AT&T 贝尔实验室的让·格林汉姆（Run Graham）和陈凡（Fan Chung）两个人的肩上，他们曾与厄多斯共同写过很多论著。他们开始接手邮件的传递、整理、签证、缴税甚至于他的日程安排。最后，两人甚至还在房间中辟出一处，作为厄多斯每年度过一两个星期的临时住处，这个临时住处包括卧室、浴室和书房。

正因为有这些人妥善安排了他生活中的每个细节，厄多斯才得以将他生命中的每一分钟都贡献给了数学。他常常在清晨5点起床，然后持续工作19个小时，其间仅仅小睡片刻。有时3组数学家在他宾馆的房子里集会，每一组讨论着不同的问题。而厄多斯以一个国际象棋大师（Chess Master）的独特风格穿梭其间，同时为3个不同的数学命题提供证明。还有一次，他在接受一只眼球的白内障手术时，乞求医生允许他在手术过程中用另一只眼睛阅读文献。很显然，医生拒绝了这种异想天开的要求，但是却批准了手术时让另一位数学家在场，从而两人能在手术室中探讨数学问题。在1996年密歇根克拉玛祖（Kalamazoo，Michigan）的一次会议上，年迈的厄多斯因体力不支而晕倒，人们手忙脚乱地把他送到医院，医生为他植入了心脏起搏器。在这时，厄多斯说服医生同他一起继续参与晚上的会议，这样，他就可以按照计划参加会后的盛宴了。

厄多斯同样以他的慷慨闻名。他经常与拥有数学天分的学生一起分享他的时间和拮据的钱财。1984年，当他获得沃夫奖（Wolf Prize）的5万美元奖金时，他将其中的3万美元捐献出去，以资助以色列工学院设立一项奖学金。而剩下的钱他也送出了绝大部分，仅仅为自己留下了720美元。他经常将诸如会见有前途的学生、悬赏分类问题的解答等写进他的行程安排。而后者的奖金从基础问题的10美元到需要年持久复杂的工作问题的3 000美元不等。在宴席中的闲谈中，他随意写下的10道问题就足够他可怜的宾客们忙活几年了。

在厄多斯的生涯中，他发明了很多丰富多彩的谚语并为人称道，这些谚语被称为“爱氏语”（Erdos-ese）。当他准备好讨论数学问题时，他习惯于对他的朋友们说：“我的大脑开机了”（My brain is open），他甚至把一个朋友戏称为“ε”，一个数学家们经常用于表示小量的希腊字母。女人是“老板”（bosses），男人是“奴才”（slaves）；当谈论政治时，他曾把苏联戏称为“乔”（Joe），因为共产主义的领导人名叫“约瑟夫·斯大林”（Joseph Stalin）；而美国在他口中成为“山姆”（Sam），这个雅号来自美国的“山姆大叔”（Uncle Sam）；一个人“来了”代表出生，“离开”代表死亡。一个愚蠢的定理是“无足轻重的”（trivial），一个停止了数学研究的数学家被称为“死亡”。他不欣赏音乐和酒精，把音乐和酒精描述为“噪声”和“毒药”。他喜欢咖啡，在试着证明数学定理时，经常一杯接一杯地灌，他经常说，实际上一个数学家就是以咖啡为原料生产定理的机器。

厄多斯认为，数学与其说是一种科学，不如说更是一类艺术。

他认为仅仅为结果寻找正确的证明方法是不足取的；他觉得这种证明更应该是创造性的、有真知灼见的，也要殚精竭虑而成。有时候，一个优雅例证比经由一个枯燥乏味的方法发现全新结果更让他感到自豪。他的很多论著，包括关于契比雪夫定理的第一篇论文、与西尔伯格对质数定理的证明，都是美不胜收的思维享受。他曾开玩笑地说，上帝有一个叫作“宝典”的收藏，在这个宝典中藏有所有数学问题的详尽解答。当他发现或者了解一个天才的证明时，他往往说那是“直接从宝典中抄下来”的。

厄多斯经常思考并讨论他的死亡问题。当他还是青少年的时候，他就经常对他年迈时的生活表示出深深的忧虑。他曾开玩笑说，在他孩提时代，这个世界的年龄估计为20亿年，而按照现在科学家们的估计，宇宙的年龄应该为45亿年。这样算下来的话，他的年龄也就因此而猛增了25亿年。在他55岁的时候，他开始自诩为“保罗·厄多斯，P.G.O.M.”，意思是“可怜又伟大的老人”（poor great old man）。每隔5年他就在这个雅称上增加一些字母，直到他已经成为“已故的保罗·厄多斯，P.G.O.M.L.D.A.D.L.D.C.D.”，即可怜而又伟大的老者、活着的死者、考古学上的新发现、合法的死者、值得的死者（poor great old man，living dead，archaeological discovery，legally dead，counts dead）的时候，他才不得不停下这项伟大的命名工作。因为匈牙利科学院的成员过了75周岁生日就从政府名单中划去不再算数，所以厄多斯也是以最后两个字母C、D（值得的死者）作为回应。

1996年的9月20日，在参加波兰华沙召开的一个图论研讨会时，厄多斯在宾馆的房间里突发心脏病，虽然及时送往医院，但最终救治无效身亡，享年83岁。在他去世的前几年里，数学界一直因他为数学领域的突出贡献而为他加冕，共有15所大学和8个国家科学院接受他为成员。为了庆祝他的生日，数学家们组织了许多国际会议，发表研究论文集。在他去世后，格林汉姆和陈凡发表了一份图论中厄多斯未解问题的名单，并许诺给这些问题的解决者以奖金。美国得克萨斯州的一个银行家及业余数学家安德鲁·拜尔（Andrew Beal）设立了一个基金，奖励其他数学领域的厄多斯问题的解答。

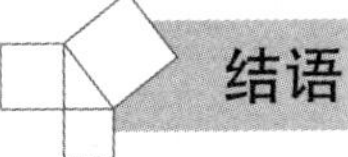

结语

厄多斯署名的1 521篇数学研究论文使他以最多产的研究者载入数学史册。其中1 100篇论文至少有一位合作者，使数学家们意识到了合作研究的必要。厄多斯对已建立的数学分支，如数论、组合、图论和集合论作出了重要的贡献，并发展了极端性理论、概率数论和拉姆齐理论作为数学的新领域。他是20世纪数学的定义者之一。